맛있는 바게트는
어떻게 만들어지는가?

바게트의 기술

Contents

008

푸르니에

산화와 발효의 밸런스를 맞춰
좋은 숙성을 하는 생지를 만든다

012

빵 스테이지 에피소드

장시간 발효시켜 노화를 늦추고
오래 보존할 수 있는 바게트로 만든다

016

하코네 바쿠진

계약재배로 생산한 쇼난 밀을 주종과 섞어
맛의 밸런스를 맞춘다

020

긴무기

부드럽고 쫄깃쫄깃한 식감이 특징인 바게트를
매일 손으로 직접 만든다

024

애드 팡듀스

일본산 밀의 단맛과 감칠맛을 끌어내고
디자인에도 신경 쓴 개성파 바게트

028

토츠젠 베이커스 키친

엄선한 재료로 만들고, 넘버링으로 단 하나의
특별한 바게트를 연출

032

불랑주리 르보와

나이 많은 손님도 먹기 좋게 만든
가볍고 입에서 부드럽게 녹는 바게트

036

마리아주 드 파린느

천연효모를 사용하면서도 볼륨이 고르고
입에서 녹는 느낌이 좋은 깊은 맛의 바게트

040

물랭 드 라 갈레트

손님이 어떻게 먹을지를 고려하고
손님의 요구에 맞춘 바게트

044

팽 드 나노시

일본산 밀의 맛을 살려 입에서 사르르 녹는
바게트를 만든다

048

불랑주리 다카기

이스트 없이 천연효모만으로 발효를 하고
호밀로 깊은 풍미를 추구한다

052

힐사이드 팬트리 다이칸야마

염분을 줄여 밀의 향과 맛을 느낄 수 있는
매일 먹고 싶은 빵

056

불랑주리 에즈 블루

오로지 프랑스산 식재료만을 사용하여 구현한
파리의 바게트

060

불 뵈르 불랑주리

나이 지긋한 손님에게도 사랑받는
가벼우면서 신맛이 나는 향 좋은 바게트

064

라팡 느와르 구로사기

자가배양한 천연효모로만 만들 수 있는
산미를 더한 풍미 가득한 바게트

068

불랑주리 E.S.

매일 먹어도 질리지 않는
부드러운 맛의 바게트

072

벳카 후지와라

식사와 즐길 수 있는 가벼운 식감을 내면서
진한 밀가루의 향으로 임팩트를 준다

076

불랑주리 이아낙!

깊은 감칠맛과 먹기 좋은
익숙한 식감이 매력

080
팽 드 코나
/
든든하면서 먹기 좋은 세련된
천연효모 바게트

084
불랑주리 탕드르망
/
발효종을 60% 넣어 진한 감칠맛을 내고
맷돌 제분한 가루를 로스트하여 향을 만들어낸다

088
불랑주리 라 세종
/
프랑스산 밀의 맛과 풍미를 추구하며
장시간 냉장 발효로 맛있게 구워낸다

092
오세안 블루
/
바게트와 팽 드 캄파뉴.
두 가지 빵의 장점만 골라 만든 바게트

096
포앙타지
/
밀가루와 건포도종으로 감칠맛을 낸 반죽은
국물요리와 최상의 궁합을 자랑한다

100
네모 베이커리&카페
/
고소한 크러스트와 부드러운 바게트 속을
만들 수 있도록 연구하여 완성도를 높인다

104
팡노고야
/
바삭, 촉촉, 폭신
3단계 식감을 즐길 수 있다

108
불랑주리 사사
/
이바라키산 밀로 독자성을.
직접 만든 효모로 은은한 산미를 더했다

112
라 봉통
/
들쑥날쑥한 기포 크기가 특징인
씹는 맛을 중요시한 바게트

116

바게트 마지시엔

6종류의 밀가루를 사용하여 상온에서 장시간
발효시킨 깊이 있는 맛의 바게트

120

세 트레 본

프랑스의 맛을 재현하기 위해
배합과 제법 연구를 거듭한 바게트

124

로브로스 베이커리

일본산 밀의 감칠맛을 살려 바게트를 처음 먹는
사람도 좋아할 만한 맛으로 만들다

128

키비야 베이커리

직접 만든 천연효모 100%와
일본산 밀가루만으로 만든 개성파 바게트

132

팡도코로 마린도

단단하고 고소한 크러스트와
프랑스산 밀의 강한 풍미가 장점

136

젠틸

르뱅의 감칠맛과 산미를 살려 요리와
잘 어울리는 맛있는 바게트

140

불랑주리 양주

프랑스의 인기 베이커리에서 배운 풀리시법을
답습하고 홋카이도산 밀로 독창성을 만들어낸다

144

벨더

바게트를 잘라 먹는다는 가정하에
레스토랑용으로 만들었다

148

Special Page 01

빵집 소개와 바게트 게재 페이지

153

Special Page 02

바게트 전용 밀가루 가이드

이 책을 읽기 전에

이 책은 먼저 각 베이커리의 바게트 사진과 개요를 소개한 후
다음 페이지에 배합과 제법, 만드는 이의 철학을 설명하고 있다.
또 책 마지막 부분에는 해당 베이커리의 정보와 바게트 전용 밀가루에 대해 소개하고 있다.

배합은 베이커스퍼센트(Baker's percent)로 표기한다.

제법은 빵집의 표기에 따라 기입한다.

빵의 배합과 제법은 2008년 기준이다. 계절이나 기온에 따라 배합과 제법은 달라진다.

매장 정보는 2008년 9월 기준이다.

바게트의 기술

바게트 앙주

Fournier
푸르니에

오너 불랑제 사카타 다카토시

산화와 발효의 밸런스를 맞춰
'좋은 숙성'을 하는 생지를 만든다

🄿oint

_바게트 반죽에 르뱅
리퀴드(천연효모)를 넣어 맛과
풍미에 깊이와 무게감을 준다.
_프랑스 바게트의 맛에
가까워지도록 경도가 높은
물을 섞는다.

2006년 도리고에제분이 주최한 바게트 콩쿠르에서 사카타 불랑제의 '바게트 앙주'가 최우수상을 수상했다. 밀가루의 맛과 풍미, 거친 크러스트(빵의 겉껍질)와 부드러운 바게트 속의 식감이 대조되는 것이 매력이다.

바게트 앙주

배 합

부슝(도리고에제분) 100%

게랑드 소금 1.9%

사프 세미드라이이스트 0.1%

물(수돗물) 55.0%

미네랄워터 15%

르뱅 리퀴드 ▪ 15%

> ▪ 르뱅 리퀴드는 '부슝'과 물을 같은 비율로 합친 것을 베이스로 하여 가루와 물을 더하면서 5일 정도에 걸쳐 만든다.

제 법

1. 믹싱
밀가루, 물, 미네랄워터를 넣고 저속 2분
오토리즈 12시간
↓ (르뱅 리퀴드, 이스트)
저속 1분
↓ (소금)
저속 2분, 고속 1분 30초
반죽 온도 22℃

2. 상온 발효
22℃의 도우컨디셔너에서 20분, 펀치, 20분, 펀치, 20분,
펀치, 60분, 펀치, 60분

3. 분할
350g

4. 휴지
22℃의 도우컨디셔너에서 30분

5. 성형
길이 60cm

6. 최종 발효
온도 22℃, 습도 70%에서 60분

7. 굽기
반죽 위에 가루(쌀가루+통밀가루)를 뿌리고 쿠프를 7번 낸다.
윗불, 아랫불을 250℃으로 설정하여 스팀을 넣는다.
반죽을 오븐에 넣고 윗불, 아랫불을 240℃로 하여 30~32분간 굽는다.
3분 후 한 번 더 스팀을 넣는다.

기 기

믹서 …… 켐퍼 스파이럴 믹서
오븐 …… 본가드 전기오븐

프랑스 물을 섞어 경도를 300 이상으로 만든다

'바게트 앙주'는 콩쿠르에서 최우수상을 수상한 상품이며 사카타 다카토시 불랑제의 아이디어가 많이 들어간 푸르니에의 간판상품이기도 하다.

규정에 따르면 밀가루는 프랑스산 밀 '부숑'을 50% 이상 배합해야 하지만 사카타 불랑제는 다른 밀을 섞지 않고 100% 부숑만 사용하여 배합한다. 르뱅 리퀴드도 부숑과 물로 배양했다. 부숑은 단백질 함량이 낮아 사용하기 어려운 면이 있지만 생지를 제대로 숙성시켜 밀가루의 맛과 풍미가 잘 느껴지고 크러스트와 바게트 속의 식감이 확실히 대조되는 바게트를 만들 수 있다.

프랑스 바게트 맛과 비슷하게 만들기 위해 부재료도 소금은 게랑드 소금, 물의 일부는 프랑스산 물을 선택했다. 바게트에 적합한 물을 찾기 위해 특히 고생을 했다고 한다. 매장에서 나오는 수돗물은 경도 30으로 생지를 만들기에는 경도가 낮아 적합하지 않았다. 그래서 경도가 1500에 가까운 미네랄워터(Contrex)를 15% 배합하여 프랑스에 가까운 경도를 만들어냈다.

이 바게트의 특징 중 하나는 르뱅 리퀴드를 15% 배합하는 것이다. 르뱅 리퀴드는 부숑과 물을 같은 비율로 넣은 원종을 5일 정도 배양하여 만든 효모종으로 pH 3.7을 기준으로 하고 있다. 관리하기는 어렵지만 르뱅 리퀴드를 넣으면 깊은 풍미와 무게감이 생겨 부드러운 향이 나는 바게트가 만들어진다. 전날 남은 생지를 더하는 방법도 있지만 이 방법을 쓰는 편이 생지가 가벼운 느낌이 든다고 한다.

능숙하게 펀치를 하면서 생지를 만들어간다

물과 밀가루를 넣고 저속으로 2분간 믹싱한 후 16℃의 도우컨디셔너에 넣어 12시간 이상 오토리즈(Autolyse)를 한다. 이 사이에 전분이 효소분해를 하여 당화가 된다. 그 위에 르뱅 리퀴드, 이스트를 넣어 믹싱을 한다. 이 사이에 산화가 진행된다. 산화란 믹싱과 시간 경과에 따라 변화하는 생지 상태를 말한다. 상온 발효에 들어가면 생지가 산화되면서 발효도 진행된다. 생지가 부풀고 효모가 알코올을 내뿜으며 향이 올라오는 것이다. 이처럼 산화와 발효의 밸런스가 가장 좋을 때 '좋은 숙성'이 되었다고 말한다. 믹싱이 끝난 후 생지는 질척한 상태가 된다.

상온 발효 180분 사이에 4번을 기준으로 펀치한다. 펀치 횟수는 생지 상태에 따라 달라지지만 최소한 3번은 해야 한다고 한다. 생지가 느슨하면 펀치와 펀치 간격을 짧게 하여 세게 하고, 생지가 단단하면 펀치 횟수를 1번 줄인다고 생각하면 된다. 펀치는 기본적으로 접어서 뒤집는 것이 전부다. 이렇게 펀치를 하는 사이에 생지가 단단해져서 들어 올릴 수 있는 정도가 된다.

성형할 때는 가스를 빼지 않는 것이 중요하다. 가스를 빼면 풍미가 사라지고 발효 시간도 길어지기 때문이다. 생지를 누르지 않고 가스가 생지 안을 이동하는 것을 손으로 느끼면서 성형한다.

최종 발효는 온도 22℃, 습도 70%에서 60분, pH 5.2 정도를 기준으로 한다. 이 pH 수치일 때 맛이 달아지는 느낌이 든다고 한다. 그다음 심이 없어지도록 반죽을 휴지시킨다. 굽기 전에 뿌리는 가루는 쌀가루와 통밀가루를 같은 비율로 섞은 것을 사용한다. 밀가루만 뿌리면 캔버스지에 달라붙기 때문이다.

굽는 시간은 30~32분으로 완전히 굽는다. 스팀은 두 번 넣는데 두 번째 스팀은 오븐에 넣고 3분 후에 넣는다. 아직 크러스트가 굳지 않은 이 타이밍에 스팀을 넣으면 오븐 스프링이 잘 일어난다고 한다.

쇼헤이 바게트

パンステージ エピソード

빵 스테이지 에피소드

오너 셰프 야마모토 게이조

**장시간 발효시켜 노화를 늦추고
오래 보존할 수 있는 바게트로 만든다**

⒫oint

_ 장시간 발효로 노화를 늦추
고 오래 보존할 수 있는
바게트로 만든다.
_ 가나가와현에서 자가재배하
는 '하쿠토 밀'로 바게트에
향을 낸다.

빵 스테이지 에피소드에서는 전날 밤부터 전처리를 시작하여 생지를 12시간 동안 상온에 놔두고 장시간 발효시켜 바게트를 만든다. 아침 6시에 가게 문을 열면서 바로 갓 구운 빵을 제공하는 것을 가장 중요하게 여기며 빵을 만들고 있다.

쇼헤이 바게트

배 합

몽블랑(다이이치제분) 80%

자가재배, 자가제분한 하쿠토 밀(맷돌로 굵게 갈아서 사용) 20%

사프 인스턴트드라이이스트 0.1%

시마마스 소금 2.2%

유로몰트 0.3%

정수 63%

제 법

1. 믹싱	저속 3분
	반죽 온도 16~18℃
2. 1차 발효	18~20℃에서 12시간
3. 분할	350g
4. 휴지	1시간
5. 성형	길이 70cm
6. 최종 발효	온도 28℃, 습도 70%에서 70분
7. 굽기	반죽 위에 호밀가루를 뿌린 후 쿠프를 7번 낸다.
	윗불 230℃, 아랫불 200℃에서 30분

기 기

믹서 …… 켐퍼 스파이럴 믹서, 아이코제작소 버티컬 믹서

오븐 …… 구시자와전기제작소 용암가마 전기오븐

자가재배, 자가제분한 밀가루로 바게트에 단맛과 풍부한 향을 낸다

'빵 스테이지 에피소드'의 야마모토 게이조 오너 셰프는 아침 6시에 가게 문을 열면서 바로 갓 구워진 바게트를 제공하고 싶다고 생각했다. 그 생각을 실현시킨 것이 바로 전날 저녁 전처리를 시작하여 오버나이트로 발효시켜 만드는 '쇼헤이 바게트'다.

'쇼헤이 바게트'라는 이름은 아들의 이름을 딴 것이다. 바게트를 만드는 것이 육아만큼 힘들지만 그만큼 중요한 일이기 때문에 붙였다고 한다.

밀가루는 풍미가 좋은 다이이치제분의 '몽블랑'을 80%, 가나가와현 하다노에서 직접 재배하고 가게 안에 있는 맷돌로 자가제분한 '하쿠토 밀'을 20% 사용한다. 하쿠토 밀은 통밀가루에 가까울 정도로 굵게 갈아 밀의 풍미를 돋보이게 만든다. 이렇게 갈아 넣으면 단맛이 나고 향도 좋아진다고 한다.

더 애착이 가는 빵을 만들기 위해 밀가루는 직접 재배한다. 하쿠토 밀은 해마다 밀가루의 품질이 달라 안정적이지 않기 때문에 완성 상태에 따라 배합을 바꿔 바게트의 품질이 일정해지도록 계속 연구하고 있다.

부재료의 배합에도 신경 쓰고 있다. 이스트는 밀가루의 감칠맛을 돋보이게 하기 위해 넣는데 장시간 발효에 맞춰 0.1%로 적게 배합한다. 소금은 입자가 거칠지 않은 '시마마스 소금'을 선택했다. 배합은 2.2%로 약간 많이 사용하여 샌드위치용 빵으로도 먹을 수 있도록 했다.

믹싱이 아닌 장시간 발효로 생지를 만든다

생지는 믹싱이 아닌 장시간 발효로 만든다. 따라서 믹싱은 저속에서 3분간 돌리는 것이 전부다. 처음에 물, 소금, 몰트를 믹서 볼에 넣어 녹인 후 밀가루, 이스트를 넣어 믹싱한다. 물을 넣은 믹서 볼에 밀가루를 넣어 믹싱을 하면 밀가루와 물이 빨리 섞인다고 한다. 여기서 글루텐이 약간 잡힐 정도로만 믹싱한다.

그리고 가장 중요한 포인트인 1차 발효에 들어간다. 반죽을 작은 발효용기(플라스틱 통)에 넣어 18~20℃의 실온에 12시간 두어 발효시킨다. 이렇게 하면 밀가루 맛을 최대한 끌어낼 수 있고 노화도 늦춰져 보존성이 높은 바게트를 만들 수 있다고 한다.

이때 생지를 약간 작은 발효용기에 넣어 발효시키는 것이 중요하다. 생지가 자연스럽게 부풀어 올라 용기 위로 반죽이 늘어나는 상태가 되므로 적당히 질긴 생지가 만들어져 펀치를 할 필요가 없다고 한다. 발효된 생지를 350g으로 분할한 후 휴지시킨다. 이스트 양이 적어 생지가 부풀어 오른 것이 돌아올 때까지 시간이 걸리기 때문에 1시간 휴지시킨다.

성형할 때는 먼저 가스빼기를 살짝 한다. 그다음 반죽을 두들긴 후 뒤집어서 반으로 접고 위에서 가볍게 눌러 앞쪽의 1/3, 반대쪽의 1/3씩 접는다. 또 반을 접고 위에서 눌러 생지에 탄력을 만든다. 바게트는 긴 것이 특징이라 생각하여 길이를 70cm로 하고, 크러스트의 식감을 충분히 느낄 수 있는 모양으로 성형한다.

굽기 전 호밀가루를 뿌려 바게트를 바삭하게 한다. 야마모토 셰프는 크러스트가 두꺼울수록 바게트가 맛있어진다고 생각하여 쿠프는 보통 바게트보다 깊게 넣는다. 굽는 시간은 30분으로 약간 길게 한다. 바싹 구워내면 크러스트 식감이 보다 좋아진다고 한다.

바쿠진 바게트

箱根麦神 〖폐업〗

하코네 바쿠진

대표 이사 다카하시 유키오

**계약재배로 생산한 '쇼난 밀'을 주종과 섞어
맛의 밸런스를 맞춘다**

Point

_ 자가배양한 주종을 사용하여
 은은한 단맛을 낸다.
_ 밀의 힘을 끌어내기 위해
 믹싱을 충분히 한다.

소박한 느낌으로 누구나 먹기 좋은 바게트를 목표로
만든 '하코네 바쿠진'의 '바쿠진 바게트'. 다이긴죠 술지게미로 만든 주종을
사용하여 은은한 단맛을 내서 바게트 맛의 밸런스를 맞추었다.

바쿠진 바게트

배 합

도쿠아카난텐(다이이치제분) 55%

계약재배로 생산한 쇼난 밀(저온, 맷돌 제분) 40%

호밀 5%

생이스트 0.8%

칸호아 소금 2%

다이긴죠 술지게미로 만든 주종 20%

정수 55%

제 법

1. 전처리	주종, 정수, 생이스트를 볼에 넣어 거품기로 푼다.
2. 믹싱	저속 2~3분
	↓ (소금)
	저속 9분, 2단 3분
	반죽 온도 25~26℃
3. 상온 발효	30분
4. 냉장 발효	5℃의 냉장고에 12시간 넣어둔다.
5. 분할	상온에 1시간 두어 생지의 경도를 어느 정도 되돌린 후 4개로 분할한다.
6. 휴지	분할한 생지를 늘리고 네모나게 잘라 상온에 30분간 둔다.
7. 성형	길이 52cm
8. 최종 발효	온도 27℃, 습도 85%에서 1시간
9. 굽기	반죽 위에 밀가루를 뿌린 후 쿠프를 5번 낸다. 윗불 230℃, 아랫불 200℃에서 20분

기 기

믹서 …… 아이코제작소 버티컬 믹서

오븐 …… 베이커즈프로덕션 전기오븐

자가제분한 밀을 사용하여 밀의 풍미를 충분히 살린다

'하코네 바쿠진'의 다카하시 유키오 오너 셰프는 복잡하게 생각하여 만든 빵보다 편하게 놀고 즐기면서 만든 빵이 더 맛있다고 생각한다. 그런 다카하시 셰프가 지향하는 바게트는 '누구나 먹기 좋고 밀의 풍미를 느낄 수 있는 바게트'이다.

먼저 공정에서 제일 중요한 것이 가루 배합의 밸런스다. 밀가루는 '도쿠아카난텐'을 55%, 히라쓰카의 계약농가에서 재배하여 저온에서 맷돌로 제분한 '쇼난 밀'을 40%, 호밀가루를 5% 사용한다. 통밀에 가깝게 굵게 간 쇼난 밀을 사용하면 밀가루의 향을 충분히 낼 수 있고, 감칠맛과 부드러움도 더해지며 씹는 맛이 강한 식감으로 완성된다.

하지만 쇼난 밀만으로 감칠맛이 충분히 나지 않기 때문에 도쿠아카난텐을 넣어 단점을 보완하고 쇼난 밀의 독특한 향과 맛을 돋보이도록 만들었다. 게다가 곡물 냄새가 강한 호밀가루를 5% 배합하여 단맛을 더했다.

재료에서 또 하나의 포인트는 다이긴죠 술지게미로 만든 주종(酒種)이다. 이 주종을 20% 넣으면 바게트에 은은한 단맛을 낼 수 있고 씹으면 씹을수록 풍미가 증가한다고 한다. 또 주종은 아미노산, 미네랄, 비타민이 풍부하여 영양가가 높고 미용에도 좋다고 한다. 이런 주종의 특징들을 상품 가격표에 같이 적어두어 여성 손님들에게 어필했다. 쇼난 밀을 많이 사용하기 때문에 주종을 포함한 흡수량은 75%로 많이 배합했다. 글루텐의 점성을 강하게 만들어 생지를 뭉치기 쉽게 하는 중요한 포인트다.

쇼난 밀을 많이 사용하기 위해 믹싱을 충분히 한다

제법에서 가장 중요한 공정은 믹싱이다. 충분히 반죽하는 것이 포인트. 효소활성이 강한 저온·맷돌 제분과 주종 속의 효소가 작용하여 글루텐 형성이 어려워지기 때문이다. 주종, 정수, 생이스트를 섞은 것과 밀가루를 저속으로 2~3분, 소금을 넣은 후 다시 저속으로 9분, 2단으로 3분, 총

15분으로 약간 오래 믹싱을 하면 생지가 단단해진다. 이렇게 하면 바게트 속이 부드러워진다고 한다.

냉장 발효를 하기 전 생지를 안정시키기 위해 배트나 보관 용기에 오일을 바르고 반죽을 넣어 상온에서 30분 예비 발효를 시킨다. 그다음 냉장 발효에 들어간다. 생지를 5℃의 냉장고에 12시간 넣어 저온에서 장시간 천천히 발효시키면 주종의 맛을 충분히 끌어올릴 수 있다.

생지를 상온에 1시간 두어 굳기를 어느 정도 돌려놓은 후에 4개로 분할한다. 그다음 분할한 생지를 늘려서 사각형으로 자른다. 다시 상온에 30분간 두어 휴지시키면 바게트 속의 전체적인 밸런스가 좋아진다.

생지를 1/3씩 조심스럽게 접은 다음 52cm 길이로 늘려 성형한다.

이어서 습도 85%, 온도 27℃로 설정한 발효실에 1시간 동안 넣어둔다. 이 시점에서 생지의 단백질 골격이 약해지므로 가습을 해주면 볼륨감이 생긴다. 굽기 전에 밀가루를 뿌리는 이유는 쿠프를 내기 쉽게 만들기 위함과 주종을 넣었기 때문에 타기 쉽기 때문이다. 또 오븐에 넣은 후 스팀을 많이 넣어 타지 않도록 주의하고 있다.

바게트 트래디셔널

金麦

긴무기

오너 셰프 이토 류이치

**부드럽고 쫄깃쫄깃한 식감이 특징인 바게트를
매일 손으로 직접 만든다**

_ 풀리시종을 50% 넣어서
풍부한 맛의 바게트로
만든다.
_ 안에 수분이 남도록
고온으로 단시간 굽는다.

믹서를 쓰지 않고 손으로 반죽해서 만드는 바게트다. 바게트 속의 기포가 크고 수분을 머금고 있어 부드럽고 쫄깃쫄깃한 식감이 특징이다. 씹을 때마다 프랑스산 밀가루의 풍미와 단맛이 입안에 퍼진다. 외국인들에게도 사랑받는 바게트다.

바게트 트래디셔널

배 합

풀리시종

테루아(닛신제분) 50%

생이스트 0.5%

물 60%

본반죽

테루아(닛신제분) 50%

하카타 소금 2.1%

유로몰트 0.2%

물 19%

제 법

풀리시종

1. 믹싱	손반죽(재료를 섞기만 한다.)
	반죽 온도 22~23℃
2. 상온 발효	랩에 씌워 18~20℃의 파이실에서 16시간

본반죽

1. 믹싱	손반죽
	반죽 온도 22~23℃
2. 상온 발효	실온에서 60분, 펀치, 50분, 펀치, 20분
3. 분할	350g
4. 휴지	20~30분
5. 성형	길이 약 50cm
6. 최종 발효	실온에서 15분
7. 굽기	밀가루를 뿌리고 쿠프를 위에 1번, 일직선으로 낸다.
	처음에 증기를 1.5초 넣고 오븐에 넣은 후 바로 증기를 1.5초 넣는다.
	윗불 270℃, 아랫불 240℃에서 굽기 시작하여 서서히 윗불과 아랫불
	온도를 떨어뜨리면서 23~26분간 굽는다.

기 기

오븐 …… 에이와 전기오븐

펀치를 2번 해서 반죽에 힘을 불어넣는다

'긴무기'의 '바게트 트래디셔널'은 이토 류이치 셰프가 매일 손반죽으로 만든다. 크러스트는 고소하면서 씹는 맛이 좋고, 바게트 속은 기포가 크고 촉촉하며 탄력 있는 식감이다. 씹을 때마다 맛은 깊어지고, 향도 강하다.

"일본에서 만들어지는 대부분의 바게트는 가벼운 식감이지만, 이 바게트는 부드럽고 쫄깃쫄깃하며 먹었을 때 포만감도 느껴져 외국인 손님들에게도 사랑받고 있다. 신맛이 나지 않고 단맛이 강하며 간단히 먹기 좋아 가장 좋아하는 바게트이다"라고 말하는 이토 셰프. 하나쯤은 손반죽으로 직접 만들고 싶다는 생각에 하루에 3kg 정도로 반죽 양이 적은 이 바게트만은 믹서를 사용하지 않고 매일 수작업으로 만들고 있다.

생지에는 밀가루의 맛을 끌어내는 풀리시종을 사용한다. 풀리시종의 재료를 손으로 섞어서 파이실에 하룻밤(16시간 전후) 둔다. 냉장고에 넣으면 신맛이 나기 쉬워져, 18~20℃로 유지하는 파이실에서 숙성시켜 신맛이 나지 않도록 한다.

본반죽도 수작업으로 만든다. 믹서를 사용한다면 저속에서 3분 정도 믹싱한다. 하지만 이 정도 양이라면 손으로도 할 수 있고 손으로 하는 편이 생지 상태도 알기 쉽다고 한다. 풀리시종을 50% 배합하는 것은 풍미를 풍부하게 하기 위해서다. 생지를 촉촉하게 만들기 위해 흡수량을 높여 매우 느슨한 생지를 만든다.

생지가 뭉쳐지면 스크래퍼를 사용하여 반죽을 흘리듯 보관용기나 배트에 옮긴다. 반죽 온도가 높으면 식감이 너무 가벼워질 수 있어서 22~23℃ 정도로 하고 있다.

이 바게트는 본반죽을 할 때 이스트를 넣지 않기 때문에 펀치를 2번 해서 생지에 힘을 더한다. 첫 번째 펀치는 생지를 가볍게 접는 정도로 전체를 모아준다. 두 번째 펀치에서는 생지를 넓혀서 깔끔하게 사각형으로 접는다. 생지가 한 덩어리가 되고 글루텐 막이 보이면 생지에 힘이 생긴 것이다.

기포를 뭉개지 않도록 손가락으로 가볍게 만지며 성형한다

성형에서 중요 포인트는 생지에 손상을 주지 않는 것이다. 부드러운 생지의 기포가 뭉개지지 않게 가능한 손으로 생지를 지나치게 만지지 않도록 주의한다.

성형은 접듯이 1번만 한다. 이때 기포를 안에 가두는 느낌으로 손가락으로 생지를 살짝 만지면서 가볍게 접는다. 다음은 손으로 살짝 굴려서 모양을 정돈하기만 하면 된다. 모양이 망가지기 쉬운 반죽이므로 너무 만지지 않도록 세심한 주의가 필요하다.

최종 발효는 발효실에 넣지 않고 실온에 10~15분간 둔다. 이 단계에서 발효가 충분히 진행되어 볼륨이 나오고, 풀리시종에 의한 밀가루의 풍미도 생긴다.

밀가루(테루아)를 뿌리고 쿠프를 낸다. 이때 일반 바게트처럼 비스듬히 여러 개의 쿠프를 내면 생지가 쪼그라들어 볼륨이 생기지 않기 때문에 바로 위에서 길게 1번만 낸다. 쿠프를 낼 때도 생지가 손상되지 않도록 주의한다.

부드럽고 쫄깃쫄깃한 식감을 만드는 중요 포인트는 마지막 단계인 굽기이다. 처음에 고온으로 단숨에 구우면 속에 큰 기포가 생기고 수분도 많이 빠지지 않아 쫄깃쫄깃한 식감이 된다. 풀리시종을 사용하면 바게트 색이 잘 안 나올 수 있는데, 처음에 고온으로 구우면 고소해 보이는 색으로 알맞게 구워진다.

애드 바게트

add:PAINDUCE

애드 팡듀스

셰프 요네야마 마사히코

**일본산 밀의 단맛과 감칠맛을 끌어내고
디자인에도 신경 쓴 개성파 바게트**

ⓟoint

_ 물을 많이 사용하고
 저온에서 장시간 발효하여
 밀가루의 단맛을 끌어낸다.
_ 쿠프를 고안하여 비주얼의
 개성을 표현했다.

밀가루에 많은 물을 흡수시키고 고온으로 굽는 제법과 배합을 만들어냈다. 밀가루의 감칠맛을 최대한 살렸을 뿐만 아니라 입에서 살포시 녹는 바게트 속과 바삭한 크러스트의 식감이 매력이다. 물론 겉모양도 나무랄 데 없다.

애드 바게트

배 합

TYPE 100(에베쓰제분) 100%
아코노아마 소금 2%
사프 인스턴트드라이이스트 0.1%
물 83.3%

제 법

1. 믹싱	1단 2분~3분, 2단 30초~1분
	반죽 온도 23~24℃
2. 1차 발효	온도 28℃, 습도 85%에서 30분, 펀치, 30분, 펀치, 30분, 펀치
	5℃ 냉장고에서 12시간 오버나이트
3. 분할	350g
4. 휴지	실온(28℃)에서 1시간
5. 성형	길이 47cm
6. 최종 발효	온도 28℃, 습도 85%에서 30분
7. 굽기	8자를 그리듯이 불규칙하게 쿠프를 낸다.
	윗불 260℃, 아랫불 230℃에서 19~20분

기 기

믹서 …… 켐퍼 스파이럴 믹서
오븐 …… 베이커즈프로덕션 전기오븐

가게의 개성을 반영한 오리지널 상품 개발

2008년 5월, '팡듀스'는 불랑주리 다이닝 '애드 팡듀스'를 열었다. 여기서 제공하기 위해 만든 오리지널 바게트가 '애드 바게트'다.

요네야마 마사히코 셰프는 바게트를 '동양식에서의 쌀밥과 같은 존재'라고 평가했다. 그는 셰프로서 레이몽 칼벨, 필립 비고를 거쳐 일본에 전해진 바게트 기술과 전통을 후세에 전할 의무가 있다고 믿는다. 또한 이렇게 기초가 되는 전통이 있으므로 시대에 맞는 바게트를 개발할 수 있다고 생각한다. 특히 가게 이름을 딴 바게트는 가게의 개성을 최대한 반영시킬 수 있다.

애드 바게트에서 가장 먼저 눈에 띄는 것은 개성 있는 쿠프의 디자인이다. 8자를 그린 것처럼 불규칙적으로 낸 쿠프는 바람을 형상화한 것이다. 또 350g으로 분할한 생지를 47cm로 늘려 성형했다. 바타르(Bâtard)보다 약간 길쭉한 길이에서 전통에 얽매이지 않은 개성이 느껴진다.

저온 장시간 발효를 통한 제법과 배합

요네야마 셰프는 공정에서 '가능한 많은 물을 흡수시켜 고온으로 굽는다'는 점을 우선적으로 생각했다. 충분한 수화(水和)와 장시간 발효로 밀가루의 단맛을 끌어내고, 입안에서 살살 녹지만 겉은 바삭한 이상적인 바게트. 이런 바게트를 만들기 위한 제법은 전날 반죽해서 오버나이트로 저온에서 장시간 발효를 하는 것이다. 또 구울 때 고온에 견딜 수 있게 만들고, 제대로 수화시킬 것을 고려하여 수분은 83.3%로 많이 넣는다.

단맛을 끌어낼 밀가루로 에베쓰제분의 'TYPE 100'을 사용했다. 'TYPE 100'는 회분을 1.0% 함유하고 있어 아린 맛이 나기 쉬울 거라 생각했지만 시험 삼아 만들어봤을 때 아린 맛이 눈에 띄지 않았으며 단맛과 감칠맛이 풍부했다. 또 요네야마 셰프가 밀가루의 밀기울 부분에서 나오는 고소함과 풍미를 좋아하기 때문에 'TYPE 100'을 사용하기로 했다. 일본 밀을 사용하여 일본인이 원하는 맛을 겨냥했으므로 '로컬푸드'로서도 의미가 있다.

믹싱은 열을 많이 가하면 풍미가 날아가기 때문에 1단으로 2~3분간 섞는 느낌으로 한다. 그리고 2단으로 30초~1분간 믹싱한다. 밀기울 부분이 많은 가루를 사용하여 글루텐이 나오기 어렵기 때문에 강화시킬 목적이다. 다만 글루텐은 어디까지나 이후에 진행할 3번의 펀치에 의해서 강화된다.

12시간 오버나이트로 밀가루 중심부까지 확실하게 수분을 침투시킨다. 1시간의 휴지는 식은 반죽을 천천히 18℃로 올리기 위한 것으로 발효가 균일해진다고 한다.

성형에도 특징이 있다. 보통 휴지시킨 후 가스를 뺀 다음 성형을 하는 경우가 많지만 '애드 팡듀스'에서는 생지를 만 후에 조심스럽게 가스를 뺀다. 이렇게 하면 필요한 가스만 남는다고 한다. 그리고 1번 접어서 이음매를 아래로 두고 중앙을 향하여 마는데, 접은 횟수가 적은 것도 포인트 중 하나이다. 이 모든 작업의 목적은 바게트 속이 퍽퍽해지는 것을 방지하는 데 있다. 이렇게 만들면 입안에서 녹는 느낌이 좋아진다고 한다.

마지막으로 260℃의 고온으로 굽는다. 이 고온에 견딜 수 있게 하기 위해서도 물을 많이 배합한다. 여기서 수분이 부족하면 수분이 너무 증발해버려 크러스트가 두꺼워진다. 바게트 속을 보면 충분히 수화했다는 증거로 윤기가 있고 얇은 막이 퍼져 있다. 게다가 거친 기포는 저온 장시간 발효의 증거이다. 이 거친 느낌이 입에서 살포시 녹는 느낌을 만들어준다.

바게트 드 트래디션

TOTSZEN BAKER'S KITCHEN

토츠젠 베이커스 키친

셰프 우치다 요시오

**엄선한 재료로 만들고,
넘버링으로 '단 하나의 특별한 바게트'를 연출**

ⓟoint

_ 100% 미네랄워터를
사용한다.
_ 프랑스 전통 제법에 따라
저온 장시간 숙성을 시킨다.

본고장 프랑스에 지지 않는 깊은 맛을 목표로 했다.
밀가루의 단맛과 감칠맛을 끌어내기 위해 엄선한 재료로 만든 바게트다. 이
가게에서 몇 번째로 구워진 바게트인지 넘버링을 표시해서 팔고 있는 점도
새로운 매력으로 다가온다.

바게트 드 트래디션

배 합

부송(도리고에제분) 35%

테루아(닛신제분) 30%

무르 드 피에르(구마모토제분) 20%

오쿠모토 제분 FF3(오쿠모토제분) 15%

사프 인스턴트드라이이스트(블루) 0.105%

게랑드 소금 2.1%

몰트 0.2%

물(쿠르마이어) 71~73%

제 법

1. 믹싱   저속 2분 30초

오토리즈 20분

↓ (이스트)

저속 1분

↓ (소금)

저속 2분, 고속 20초

반죽 온도 22℃

2. 상온 발효   믹서에 생지 방치 20분

펀치(저속으로 5초)

믹서에 20분 방치

펀치(저속으로 5초)

믹서에 20분 방치

펀치(저속으로 5초)

생지를 용기에 옮겨 실온에서 20분

17시간 냉장(4℃)

생지 온도가 12~13℃가 될 때까지 온도 27~28℃, 습도 75~80%의
발효실에 넣는다.

3. 분할   350g

4. 휴지   실온(27~28℃)에서 생지 온도가 17~18℃가 될 때까지 30~40분

5. 성형   길이 52cm

6. 최종 발효   온도 28℃, 습도 80%에서 60~70분

7. 굽기   쿠프를 7번 낸다.

오븐에 넣기 전에 스팀을 넣고 윗불 240℃, 아랫불 210℃에서 23분

기 기

믹서 …… 켐퍼 스파이럴 믹서

오븐 …… 웰커 전기오븐

브랜드 밀가루와 초경수 물로
깊은 맛을 만들어낸다

'트래디션(Tradition)'이라는 상품명에서 알 수 있듯 프랑스 전통 제법에 현대 제법을 더하여 정통 프랑스 바게트 맛을 떠오르게 하는 바게트다. 밀가루의 단맛과 감칠맛을 최대한 끌어내기 위해 이스트를 소량 사용하고 저온에서 장시간 숙성을 시키며 재료도 하나하나 맛을 보며 골랐다.

밀가루는 프랑스산 밀가루를 4종류 사용했다. 단맛을 끌어내는 밀가루, 풍미가 나오기 쉬운 밀가루 등 각각의 장점을 가진 밀가루를 잘 배합하여 섬세하면서도 깊은 맛을 낸다. 소금은 부드러우면서 깊은 맛이 나는 프랑스산 '게랑드 소금'을 사용한다. 그리고 비용을 좀 더 들여 엄선한 재료가 바로 초경수(超硬水) 물이다.

'토츠젠 베이커스 키친'에서는 빵에 따라 연수(軟水)부터 초경수까지 6가지 물을 구분해서 사용한다. 밀가루에 침투가 빨리 되는 연수에 비교했을 때 미네랄 성분이 많은 경수(硬水)는 생지에 침투할 때 보수(保水) 효과와 감칠맛을 가두는 작용이 있으며 숙성이 천천히 진행된다. 게다가 연수를 사용하면 생지는 부드러워지고, 경수를 사용하면 그보다 단단해진다. 여러 가지 경수를 시험해본 결과, 이탈리아산 초경수(경도 1612㎎/ℓ) '쿠르마이어(Courmayeur)'가 가장 적합했다.

생지 온도가 너무 높아지지 않도록
저온 숙성을 철저히 한다

제조 공정에서 염두에 둬야 할 점은 되도록 생지에 부담을 주지 않고 생지 온도를 정확하게 관리하는 것이다.

먼저, 믹싱에서는 반죽 온도에 주의해야 한다. 반죽 온도가 너무 높으면 지나치게 숙성되어 밀가루의 풍미가 사라진다. 되도록 풍미를 보존하기 위해 믹싱 시간은 약간 짧게 하고 오토리즈를 한다.

믹싱 후에도 믹싱볼에 생지를 그대로 두고 20분 후에 저속으로 5초간 돌린다. 이 과정을 3번 반복한다. 믹서를 사용하는 편이 일정한 힘이 가해져 생지에 신장성(반죽이 늘어나는 성질)과 안정성을 주기 때문에 손을 사용하지 않는다고 한다.

생지를 용기에 옮겨 실온에서 20분 휴지시킨다. 그리고 4℃의 냉장고에 17시간 둔다. 천천히 생지를 숙성시킨 후에는 27~28℃의 발효실에 넣고 생지 온도가 12~13℃로 돌아올 때까지 놔둔다. 여기서 생지 온도가 너무 올라가면 발효가 진행되어 맛이 담백해지므로 주의한다.

가스를 가볍게 뺀 후 모양을 만들지 않고 손바닥으로 생지의 겉면을 펴듯이 늘린다. 발효실에서 최종 발효를 시킨 후에는 쿠프를 내고 굽기에 들어간다. 쿠프가 적으면 바게트는 가벼워진다. '토츠젠 베이커스 키친'에서는 크러스트와 바게트 속의 밸런스, 식감을 고려하여 쿠프를 7번 낸다. 열 축적률이 높고 안정된 빵을 구울 수 있는 독일제 전기 오븐으로 23분간 굽는다.

크러스트는 씹으면 와삭와삭 소리가 날 정도로 씹는 맛이 있고 고소하며, 바게트 속은 부드럽고 탄력 있게 만들어진다. 마치 벌집같이 기포가 열린 바게트 속은 발효와 숙성이 잘됐다는 증거다. 우치다 셰프는 "기온이나 습도 등 매일 변화하는 외적 환경에 맞춰 항상 생지 상태를 확인하면서, 밀가루의 비율을 바꾸거나 믹싱을 늘리고 줄여가며 안정된 빵을 만드는 것이 무엇보다 중요하면서도 어렵다"고 말한다.

빵과 이야기를 함께 판매하고 싶다는 생각에 바게트에 넘버링이라는 부가가치를 매겨 판매한다. 현재까지 만 개 넘게 팔렸다고 한다. 근처에 사는 프랑스인에게는 "진짜 프랑스 바게트 같다"라는 말도 들었으며 약간 짠맛이 있어 와인과 어울린다는 호평도 받았다. 나이 많은 손님들에게도 인기가 좋다.

바게트

Boulangerie Lebois
불랑주리 르보와

오너 셰프 모리 도모하루

**나이 많은 손님도 먹기 좋게 만든
가볍고 입에서 부드럽게 녹는 바게트**

❶Point

_ 풀리시법으로 입에서 녹는
느낌을 좋게 하고, 작업성도
높인다.
_ 용암가마로 크러스트를 얇고
풍미 좋게 굽는다.

풀리시종을 사용하고 용암가마로 구워 겉은 얇고 바삭하며 속은 부드러워 입에서 녹는 느낌이 좋은 바게트이다. 바게트 속의 기공이 잘 살아나도록 성형할 때 주의를 기울였다. 다양한 연령층이 즐길 수 있는 맛을 내는 것이 목표다.

바게트

배 합

풀리시종

몽블랑(다이이치제분) 30%

사프 인스턴트드라이이스트(블루) 0.1%

물 30%

본반죽

몽블랑(다이이치제분) 70%

사프 인스턴트드라이이스트(블루) 0.4%

칸호아 소금 2.1%

유로몰트 0.3%

물 38%

제 법

풀리시종

1. 믹싱	저속 2분
2. 상온 발효	실온(약 29℃)에서 약 30분
	냉장고(약 7℃)에서 다음 날 아침까지 재운다.

본반죽

1. 사전 준비	풀리시종은 사용하기 약 4시간 전에 실온(약 29℃)에 둔다.
2. 믹싱	저속 5분, 중속 1분
	반죽 온도 24℃
3. 상온 발효	실온에서 60분, 펀치, 30분
4. 분할	300g
5. 휴지	30분
6. 성형	길이 약 48cm
7. 최종 발효	온도 28℃, 습도 75%에서 40분
8. 굽기	쿠프를 6번 낸다. 처음에 증기를 넣은 후 오븐에 넣고 다시 증기를 약간 많이 넣어 윗불 230℃, 아랫불 220℃에서 28분

기 기

믹서 …… 아이코제작소 버티컬 믹서

오븐 …… 구시자와전기제작소 용암가마

바게트는 딱딱하다는 인상을 바꾸기 위해
풀리시법을 선택했다

'불랑주리 르보와'에서는 제법이 다른 4종류의 프랑스빵을 제공한다. 그중 하나인 '바게트'는 풀리시법을 사용하여 만든다. 밀가루의 감칠맛과 단맛이 있고 겉의 크러스트는 바삭하면서도 가벼운 식감, 속은 부드럽고 입에서 녹는 느낌이 좋은 바게트를 만드는 것이 목표다.

바게트는 딱딱하다는 이미지가 있어서 연세가 많은 손님 중에는 바게트를 사지 않는 분들이 많은데, 그런 분들을 포함해 다양한 연령층이 먹을 수 있는 바게트를 만들자는 생각을 했다고 한다.

액종(液種)을 사용하는 풀리시법을 선택한 이유는 작업성이 좋고 입에서 녹는 느낌을 낼 수 있기 때문이다. 미리 발효시킨 풀리시종을 사용하면 본반죽 후 발효 시간이 빨라지고 작업 속도가 올라간다. 또 풀리시법으로 만든 생지는 오븐에서 잘 부풀어 오르는데 이것이 입에서 녹는 느낌을 만들어준다.

밀가루는 다이이치제분의 '몽블랑'을 사용한다. 몽블랑은 일반적으로 쓰기 좋은 밀가루로 모리 셰프가 제빵 기술을 배우던 시절부터 쭉 사용해 온 프랑스빵 전용 밀가루다. 단맛이 있어 풍미도 좋고, 탄성이 강하기 때문에 생지로 만들어졌을 때 손에 잘 달라붙지 않아 작업하기 좋다는 이점도 있다. 정통 바게트는 밀가루도 심플하게 사용한다며 오로지 이 한 가지 밀가루만 사용해서 만든다.

소금은 베트남산 '칸호아 소금'을 사용한다. 맷돌에 간 천연소금으로 순한 짠맛을 낼 수 있다고 한다. 바게트 이외에 다른 빵에도 이 소금을 사용하고 있다.

풀리시종은 밀가루, 밀가루와 같은 양의 물, 극소량의 인스턴트드라이이스트를 가볍게 섞어서 냉장고에 하룻밤 두어 만든다. 본반죽 만들기 4시간 정도 전에 냉장고에서 꺼내어 이스트균의 활동을 활발하게 만든다.

본반죽 믹싱은 기본적으로 저속 5분, 중속 1분, 반죽 온도는 24℃로 하고 있다. 풀리시종을 사용할 경우 24℃보다 온도가 높으면 지나치게 발효되므로 약간 낮은 온도로 만든다. 단, 계절이나 발효종의 발효 상태에 따라 약간 조정이 필요하다. 예를 들면 기온이 낮은 겨울철은 저속 4분, 중속 2분 등으로 믹싱하여 생지의 온도를 어느 정도 높인다.

300g 분할은 가마 크기에 맞춘 것으로 1인당 150g씩 두 사람이 먹는다는 가정하에 정했다.

가스를 너무 많이 빼지 않도록
깔끔하게 성형을 한다

예쁘고 균일하게 성형하는 것 다음으로 중요한 포인트는 성형 전에 손으로 깔끔하게 사각형으로 늘리는 것이다. 네 모퉁이가 둥근 상태에서 성형하면 두께가 고르지 않게 만들어지기 때문이다. 사각형으로 늘린 생지는 3절 접기 후 다시 2절 접기를 하고, 양손을 생지 위에 올려 가볍게 눌러 어느 정도 가스를 빼면서 굴린다. 늘리는 길이는 약 48cm다. 이때 가스를 너무 많이 빼면 바게트 속에 기포가 없어져 입에서 녹는 느낌이 나빠지므로 주의해야 한다.

발효실에 넣는 시간은 약 40분이다. 풀리시법이기 때문에 발효 시간이 짧다. 여기서 발효 시간을 길게 잡으면 밀가루의 풍미가 날아가므로 주의한다.

구울 때 가마에 넣는 증기는 생지를 넣기 전과 후 합쳐서 2번 넣는다. 증기를 너무 많이 넣으면 쿠프가 열리지 않고 번들번들하게 빛나는 바게트가 된다. 두 번째 증기를 넣은 후 겉면이 촉촉이 젖는 정도를 기준으로 한다. 오븐은 용암가마를 사용한다. 원적외선의 효과로 바게트가 잘 부풀어 올라 크러스트가 얇고 풍미가 좋은 바게트가 완성된다.

바게트 캄파뉴

Mariage de Farine
마리아주 드 파린느

셰프 스도 히데오

천연효모를 사용하면서도 볼륨이 고르고
입에서 녹는 느낌이 좋은 깊은 맛의 바게트

ⓟoint

_ 배양하기 쉬운 환경에서 자란
포도종을 사용한다.
_ 매일 발효 상태를 데이터로
뽑아 가장 좋은 발효 상태를
추구한다.

맛이 진하지 않고 먹기 좋은 캄파뉴를 목표로 한다.
직접 만든 포도종을 철저히 관리하여 볼륨이 안정적이고 독특한 신맛이 느
껴지지 않도록 만든다. 빵을 좋아하는 사람들에게 사랑받는 바게트다.

바게트 캄파뉴

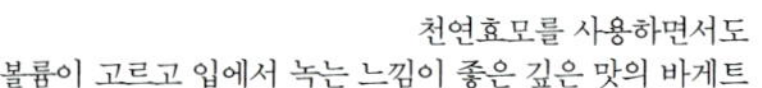

배 합

리스도르(닛신제분) 40%

테루아(닛신제분) 40%

독일산 호밀가루(닛신제분) 15%

슈타인마렌(다이이치제분) 5%

포도종 ▪ 6%

게랑드 소금 2%

유로몰트 0.2%

물 57~59%

> ▪ 포도종 만드는 법
> 캘리포니아산 건포도, 물, 설탕을 섞고 27~30℃의 발효실에 넣어 하
> 루에 수차례 휘저어 섞으며 1~2주간 둔다.

제 법

1. 믹싱 저속 4분, 중속 2분
   반죽 온도 20℃
2. 1차 발효 온도 21~22℃, 습도 80~90%에서 15~18시간
3. 분할 350g
4. 휴지 온도 27℃, 습도 85%에서 30분
5. 성형 길이 45cm
6. 최종 발효 온도 27℃, 습도 85%에서 80~90분
7. 굽기 호밀가루를 살짝 뿌리고 쿠프를 가로로 1번 낸다. 증기를 넣은 후 오븐
   에 넣고 다시 증기를 넣어 윗불 250℃, 아랫불 235℃에서 25분

기 기

믹서 …… SK믹서 버티컬 믹서
오븐 …… 본가드 전기오븐

온도 관리나 위생 등 효모 배양 환경을 철저하게 만든다

'마리아주 드 파린느'에서는 3종류의 바게트를 제공한다. 그중 외국인 손님을 중심으로 인기를 끌고 있는 것이 호밀가루나 통밀가루를 사용한 '바게트 캄파뉴'다.

"일반 바게트가 인기 있지만 손님들이 이런 깊은 맛을 가진 빵도 먹어보길 바란다"고 말하는 스도 히데오 셰프. 많은 사람들이 먹을 수 있도록 진한 맛을 없애고 장시간 발효로 밀가루의 감칠맛을 끌어냈다. 껍질은 바삭하면서 맛이 깊고, 속은 쫄깃쫄깃하여 그냥 먹어도 맛있는 바게트를 상상하며 만들고 있다.

제법에서 가장 중요 포인트로 두고 있는 것은 직접 만든 천연효모다. 이 바게트에는 이스트를 전혀 사용하지 않고 건포도로 만든 포도종을 사용한다. 이 포도종을 철저히 관리하여 특유의 독특한 신맛을 없애고 힘이 센 효모를 만들고 있다.

포도종은 항상 27~30℃로 유지되는 발효실에서 배양한다. 온도가 낮으면 효모의 힘이 약해지고 반대로 너무 높으면 잡균이 번식하기 쉽기 때문에 상온이 아닌 발효실에서 관리한다. 또 곰팡이가 생기는 것을 방지하기 위해 하루에 수차례 휘저어 섞고 기구 세척이나 손 세정 등 위생에도 주의하여 잡균을 늘리지 않도록 한다. 1~2주간의 배양기간 중에 수차례 종계작업을 하면서 정성껏 만들어낸다.

스도 셰프는 "균은 한 번 죽으면 다시 만들어지는 데 보름은 걸리므로 매일 철저하게 관리하고 있다. 천연효모로도 잘 만들면 탄력이 생기고 볼륨도 있으며 입에서 녹는 느낌이 좋은 빵을 만들 수 있다"라고 말한다.

매일 데이터를 뽑아 가장 좋은 발효 상태를 만든다

재료의 메인이 되는 밀가루는 2종류의 프랑스빵 전용 밀가루에 호밀가루와 통밀가루를 배합하여 만든다. 회분이 많은 통밀가루인 슈타인마렌을 5% 섞어 은은한 잡맛을 비법 재료처럼 사용한다.

믹싱 후 반죽 온도는 20℃다. 이 생지를 21~22℃의 발효실에 넣어 15~18시간 발효시킨다. 이 반죽 온도와 발효 시간은 볼륨 상태나 식감 등 스도 셰프가 자신이 좋아하는 바게트를 상상하여 계산한 것이다. 천연효모 빵을 1년 내내 일정한 맛으로 만들어내는 데에는 효모의 양, 반죽 온도, 발효 시간 등 전체 밸런스가 중요하다고 생각한다. 다만, 이 밸런스는 계절에 따라 달라지며 조절하기가 상당히 어렵다. 따라서 매일 뽑아내는 데이터를 토대로 적정한 수치를 내서 안정된 제빵을 한다.

100% 천연효모로 만든 생지는 이스트로 만든 생지에 비해 발효력이 약하고 민감하다. 스도 셰프는 생지를 작업판에 옮길 때에도 거칠게 다루지 않도록 항상 생지에 신경을 쓰면서 작업을 진행한다. 그리고 성형할 때의 힘 조절, 가스를 빼는 법, 반죽 양 등 만들고 싶은 빵을 생각하면서 성형한다.

최종 발효를 확인하는 것도 중요 포인트다. 발효가 덜 되면 생지에 기포가 생기지 않기 때문이다. 바깥쪽은 발효되어도 속은 아직 발효가 덜 되었다면 오븐에 구울 때 빵이 부풀어 오르지 않고 입에서 녹는 느낌도 좋지 않은 생지가 된다. 최종 발효는 80~90분을 기본으로 한다. 빠르면 60분만 발효하고 꺼낼 때도 있기 때문에 눈으로 직접 봐서 가장 좋은 상태를 확인한다. 이 최종 발효가 오븐에서 반죽이 적당하게 부풀어 오르고 겉은 바삭하고 속은 쫄깃쫄깃한 바게트를 만드는 결정적인 요소 중 하나이다.

구울 때 넣는 증기는 적게 넣으면 퍼석퍼석하고 생지가 늘어나지 않기 때문에 충분히 넣는다. 특히 이 바게트는 굽기 전에 호밀가루를 뿌리므로 일반 바게트의 몇 배로 증기를 넣는다. 다만 지나치게 많이 넣으면 오븐에 넣었을 때 생지가 부풀다 멈추므로 주의해야 한다.

바게트

Moulin de la Galette

물랭 드 라 갈레트

오너 셰프 시부타니 히데키

손님이 어떻게 먹을지를 고려하고
손님의 요구에 맞춘 바게트

Point

_ 반죽 온도를 지키고 생지를
확실히 숙성시킨다.
_ 수분이 너무 많이 날아가지
않도록 굽는다.

겉은 바삭하고 속은 쫄깃한 식감이 매력인 바게트다.
따뜻하게 데워 먹는 사람들이 많기 때문에 수분이 많이 날아가지 않도록 굽
는다. 홋카이도산 밀가루를 사용한 풀리시법으로 만든 '레트로 바게트'도 판
매하고 있다.

바게트

배 합

리스도르(닛신제분) 100%

사프 인스턴트드라이이스트 0.4%

소금 2%

유로몰트 0.4%

물 70%

제 법

1. 믹싱　　밀가루, 물, 몰트를 넣고 저속 2분

그 위에 이스트를 뿌리고 오토리즈 20분

저속 4분(중간에 상태를 봐가면서 소금을 넣는다), 2단 40초~1분

반죽 온도 22~23℃

2. 1차 발효　　온도 27~28℃, 습도 75%에서 120분

펀치, 60분

3. 분할　　380g

4. 휴지　　온도 27~28℃, 습도 75%에서 30분

5. 성형　　길이 65cm

6. 최종 발효　　온도 27~28℃, 습도 75%에서 65~70분

7. 굽기　　쿠프를 7번 낸다.

스팀을 처음에 넣고 윗불 240℃, 아랫불 215℃에서 28분

기 기

믹서 …… 켐퍼 스파이럴 믹서

오븐 …… 본가드 전기오븐

겉은 바삭바삭, 속은 쫄깃쫄깃하게

'물랭 드 라 갈레트'의 시부타니 히데키 오너 셰프는 1980년대인 10대 시절부터 바게트는 앞으로 중요한 빵이 될 것이라 생각하여 언젠가 자신의 가게를 열게 되면 바게트가 잘 팔리는 가게로 만들고 싶었다고 한다. 실제로 1987년 개업했을 때부터 유럽의 전통적인 식사용 빵을 다양하게 채우고 이를 많은 사람들이 먹어보길 바라는 마음으로 빵을 만드는 데 몰두해왔다.

이번에 소개하는 '바게트'는 가볍고 바삭한 크러스트와 쫄깃쫄깃한 바게트 속이 특징이다. 다양한 세대에게 인기가 많아 하루에 50개씩 판매하고 있다.

바게트를 만들 때 가장 신경 쓰는 점은 수분이 많이 날아가지 않도록 굽는 것이다. 빵을 데워 먹는 일본인의 습관을 고려한 것이다. "프랑스에서는 바게트를 데워 먹지 않지만 일본에서는 데워 먹는 사람들이 많다. 호텔이나 레스토랑에서도 주문이 들어오는 일이 많은데 이 경우에도 역시 데워서 제공될 것이라 생각한다. 그래서 2번 구웠을 때 건조하지 않도록 굽는 온도, 굽는 시간을 조절한다"고 시부타니 셰프는 말한다.

짙은 색으로 구우면 보기에 좋지만, 바게트를 산 사람이 어떻게 먹을지를 우선 생각하여 수분이 많이 날아가지 않도록 굽는 온도와 굽는 시간의 밸런스를 생각한다.

저온에서 제대로 생지를 숙성시킨다

믹싱할 때는 수분이 들어가기 쉬운 스파이럴 믹서를 사용한다. 먼저 밀가루와 물, 몰트를 저속으로 2분 돌리고, 생지에 손상을 주지 않고 수화시키기 위해 20분간 오토리즈를 한다. 이때 녹기 쉽게 만들기 위해 위에 이스트를 뿌려두는데, 이는 추후 깜빡하고 이스트를 넣지 않는 것을 방지하려는 목적도 있다. 그 후 저속으로 4분간 돌리면서 소금을 넣고 마지막에는 오븐에서 생지가 잘 부풀어 오르도록 2단으로 40초~1분간 돌린다.

반죽 온도는 22~23℃를 기준으로 하며 풍미를 유지하기 위해 반죽 온도가 너무 높아지지 않도록 설정한다. 다음의

1차 발효에서 가스 발생을 억제하고 생지를 숙성시키기 위해서도 반죽 온도를 지키는 것이 중요하다.

바게트는 재료가 매우 심플한 만큼, 조금만 분량이 달라져도 완성에 커다란 영향을 미친다. 따라서 재료 계량을 정확히 하는 등 세세한 부분까지 고려하는 것이 중요하다.

밀가루는 제대로 된 풍미가 나오는 리스도르(Lysdor)를 사용한다.

1차 발효는 2시간 발효시킨 후 펀치를 하고 총 3시간 진행한다. 발효라기보다 숙성시킨다는 느낌으로, 가능한 발효를 진행시키지 않고 27~28℃에서 천천히 시간을 들이는 것이 중요하다.

생지가 잘 풀어졌을 때 분할을 한다. 생지에 너무 손상을 주지 않도록 주의를 기울인다. 380g으로 분할한 후 겉면에 탄력을 유지시키면서 원통형으로 뭉친다.

성형은 바게트 속보다 크러스트의 식감을 즐길 수 있고 카나페나 샌드위치에도 알맞은 크기가 되도록 65cm 길이로 만든다. 27~28℃의 발효실에서 65~70분간 생지를 더욱 숙성시킨 다음 굽는다.

시부타니 셰프는 이처럼 각각의 공정에는 여러 중요 포인트가 있지만 가장 중요한 것은 온도와 시간의 전체적인 밸런스이며, 매일의 경험을 통해 조절하는 능력을 길러야 한다고 이야기한다.

바게트

Pain de Nanosh

팽 드 나노시

대표 이사 세키야 가쓰미

**일본산 밀의 맛을 살려
입에서 사르르 녹는 바게트를 만든다**

❶Point

_자가배양한 자연발효종으로
발효 시간을 단축한다.
_고온으로 단시간에 구워
생지에 수분을 남긴다.

'팽 드 나노시'의 바게트는 탄력은 강하지 않지만 밀가루 맛이 충분히 느껴진다. 2종류의 일본산 밀가루를 섞고, 거기에 발효를 도와주는 호밀로 만든 자가배양한 자연발효종을 합쳐 가벼운 식감으로 만들었다.

바게트

배 합

TYPE ER(에베쓰제분) 60%

F(쇼와산업) 40%

인스턴트드라이이스트 0.6%

천일염 2.2%

몰트 0.3%

물 62%

자연발효종 ▪ 15%

> ▪ 자연발효종은 호밀, 물, 몰트로 만든 원종을 전용기기로 종계
> 작업하여 만든 것이다. 배양은 원종에 TYPE ER, 물, 몰트를 넣고
> 30℃에서 4시간 동안 발효시킨다.

제 법

1. 믹싱   밀가루, 몰트, 물을 넣고 저속 2분

오토리즈 30분

↓ (자연발효종)

저속 1분

↓ (이스트)

저속 2분, 중저속 1분

↓ (소금)

중저속 3분

반죽 온도 24℃

2. 상온 발효   실온에서 80분, 펀치, 40분
3. 분할   350g
4. 휴지   원통형으로 만들어서 45분
5. 성형   길이 약 42cm
6. 최종 발효   온도 31℃, 습도 75%에서 60분
7. 굽기   쿠프를 7번 낸다.

오븐에 넣은 후 스팀을 1번 넣고 윗불 240℃, 아랫불 200℃에서 25분

기 기

믹서 …… 아이코제작소 버티컬 믹서

오븐 …… 구시자와전기제작소 용암가마

2종류의 일본산 밀을 섞었다

'팽 드 나노시'에서는 배합과 제법이 전혀 다른 3종류의 바게트를 굽는다. 여기에서 소개하는 '바게트'는 가장 정통적인 배합과 제법으로 만들어 다양한 연령층의 손님에게 적합한 바게트로, 매장 근처의 레스토랑에도 도매로 판매하고 있다. 맛이 진하지 않아 요리와 잘 맞는 점도 이 바게트의 매력이다.

세키야 가쓰미 셰프가 바게트로 표현하고 싶었던 것은 밀가루의 맛이다. 발효의 풍미를 살리기보다 씹을 때마다 입안에 퍼지는 밀가루의 맛을 추구한다. 따라서 탄력이 강해지지 않는 배합과 제법을 고안하고 있다.

안전성과 손님들의 요구를 고려하여 모든 빵에 일본산 밀가루를 사용한다. 바게트에는 'TYPE ER'과 'F' 2가지를 섞는다. 60% 배합하는 'TYPE ER'은 밀의 외피에 가까운 부분까지 간 밀가루이기 때문에 상당히 깊은 맛을 가졌다. 40% 배합하는 'F'는 구웠을 때 나오는 쫄깃한 식감과 윤기가 매력적이라 사용한다.

밀가루 맛을 끌어내기 위해서는 이스트 분량을 줄이고 믹싱 시간을 짧게 하여 생지를 충분히 재우는 것이 중요하다고 생각했다. 그래서 다른 재료나 제법을 감안하여 이스트 분량은 0.6%로 했다.

자연발효종을 사용하는 것도 중요 포인트다. 이 자연발효종은 '팽 드 나노시'의 모든 빵에 사용하는 자가배양종으로 호밀로 만든 원종에 그의 2배인 'TYPE ER', 물, 몰트를 넣어 종계작업을 하면서 만든다. 30℃로 설정한 전용기기에서 4시간에 걸쳐 배양하며, 산도는 pH 3.2~3.6이다. 이 발효종 자체에는 발효력이 없지만 이스트의 발효를 도와 빵의 보존성을 높이고 1차 발효 시간을 단축시킨다는 장점이 있다.

용암가마를 사용하여 고온으로 단시간에 구워낸다

밀가루, 몰트, 물을 섞어 저속으로 2분 믹싱한다. 여기에서는 밀가루와 물을 섞는 정도로만 믹싱을 한다. 30분간 오토리즈를 하면 밀가루와 물이 수화되는 동시에 밀가루 맛과 풍미도 강화된다. 자연발효종을 넣고 저속으로 1분, 이스트를 넣고 저속으로 2분, 중저속으로 1분, 마지막으로 소금을 넣어 중저속으로 3분 돌리면 믹싱은 끝이다.

상온 발효는 총 120분으로 결코 길지 않다. 하지만 이 시간에 생지는 충분히 발효를 할 수 있다. 이것은 앞서 이야기한 것처럼 15% 배합한 자연발효종의 힘에 의한 부분이 크다.

도중에 80분이 지나면 펀치를 가볍게 1번 한다. 생지를 가볍게 접어 용기에 다시 넣고 40분 더 발효시킨다. 이때 힘 조절이 중요한데, 펀치를 너무 강하게 하면 구웠을 때 볼륨이 생기고 탄성이 강한 바게트가 만들어진다고 한다. 성형할 때는 힘을 너무 주지 않도록 세심한 주의가 필요하다. 밀가루, 자연발효종 모두 힘이 있기 때문에 힘을 많이 주면 반죽에 손상이 가기 때문이다.

최종 발효는 온도 31℃, 습도 75%에서 60분을 기준으로 한다.

굽기도 중요한 포인트이다. '팽 드 나노시'에서 사용하는 용암가마는 원적외선 효과가 있으며 은은한 불이 특징이다. 단시간에 속까지 완전히 구워지며 생지에도 제대로 수분이 남는다. 그 결과 크러스트는 두꺼워지지 않고 속은 촉촉한 느낌의 바게트가 완성된다. 오븐에 넣어 스팀을 1번 약간 많이 넣고 윗불 240℃, 아랫불 200℃에서 25분간 굽는다.

천연효모 바게트

ブランジュリー タカギ

불랑주리 다카기

대표 이사 다카기 마사히코

**이스트 없이 천연효모만으로 발효를 하고
호밀로 깊은 풍미를 추구한다**

Point

_ 발효는 르뱅 리퀴드만
사용하여 풍미를 풍부하게
만들어낸다.
_ 호밀을 10% 넣어 풍미와
고소함을 더욱 높인다.

'카이저' 블랑주리의 에릭 카이저(Eric Kayser)와 주고받은 빵에 대한 담론이 발단이 되어 개발한 바게트다. 천연효모 발효기로 배양한 르뱅 리퀴드만으로 발효시키고 장시간 숙성시켜 천연효모의 풍미와 감칠맛을 끌어냈다.

천연효모 바게트

배 합

샤르트르(아사히제분) 50%

일본산 강력분(도후쿠제분) 40%

기린고나(닛폰제분) 10%

소금 2.1%

몰트 0.2%

르뱅 리퀴드 ■ 40%

물 59%

> **■ 르뱅 리퀴드**
> 1. 온수 100g, 몰트 2g, 호밀 90g을 천연효모 발효기에 넣고 25℃, 습도 70~75%에서 24시간 발효시킨다.
> 2. 1의 원종 190g, 밀가루 190g, 물 190g을 천연효모 발효기에 넣고 25℃, 습도 70~75%에 24시간 둔다.
> 3. 2의 원종 570g, 밀가루 570g, 물 570g을 천연효모 발효기에 넣고 25℃에서 12시간 숙성시킨다.
> 4. 3의 원종 1710g, 밀가루 1000g, 물 2000g을 천연효모 발효기에 넣고 10℃, pH4~4.5에 8시간 두면 르뱅 리퀴드가 완성된다.

제 법

1. 믹싱
   1단 2분
   오토리즈 20분
   1단 2분
   ↓ (소금)
   1단 2분, 2단 2~3분
   반죽 온도 24℃
2. 1차 발효
   온도 28℃, 습도 62%에서 120분
   펀치
   온도 28℃, 습도 62%에서 120분
3. 분할
   350g
4. 휴지
   30분
5. 성형
   길이 55cm
6. 최종 발효
   온도 28℃, 습도 62%에서 약 90분
7. 굽기
   쿠프를 세로로 1번 낸다.
   윗불 230℃, 아랫불 230℃에서 40분

기 기

믹서 …… 간토혼합기공업 버티컬 믹서와 아이코제작소 스파이럴 믹서 병용

오븐 …… 고토부키베이킹머신 전기오븐

르뱅 리퀴드를 100% 발효시켜 풍미를 강화한다

'불랑주리 다카기'에서는 3종류의 바게트를 만든다. 플레인 타입의 '바게트'와 맷돌로 제분한 가루의 산미와 풍미를 끌어낸 '맷돌 제분 바게트', 그리고 이번에 소개하는 르뱅 리퀴드로 발효시킨 '천연효모 바게트'다.

다카기 마사히코 셰프는 "모양에 따라 크러스트와 바게트 속의 풍미나 맛이 달라지는 것이 바게트의 재미있는 점"이라고 말한다. '천연효모 바게트'도 바타르나 앙시엔느(Ancienne) 모양의 미니 바게트, 호두를 넣은 바게트 등 요일에 따라 약 3~6종류로 변형해서 선보인다. 또 바게트 생지를 플뤼트(Flute)나 쿠페(Coupé) 등 다양한 모양으로 만들어 바게트 코너를 다채롭게 꾸미고 있다.

다카기 셰프는 10년 정도 전에 떠난 프랑스 여행에서 '카이저' 불랑주리의 에릭 카이저를 만났다. 기계를 사용하여 재빠르게 반죽해 이스트로 발효시키는 근대화한 빵이 난무하던 당시에, 선별한 밀가루와 르뱅 리퀴드를 사용하여 전통적인 제법으로 만든 빵에 대한 이야기를 들었다. 다카기 셰프는 한번 만들어보고 싶다고 생각했다. 그리고 시행착오를 거듭하여 이 '천연효모 바게트'를 만들어냈다. 따라서 이 바게트의 가장 큰 특징은 르뱅 리퀴드만으로 발효시킨다는 점이다. 이스트를 전혀 사용하지 않고 천연효모의 풍부한 풍미와 감칠맛을 추구했다.

르뱅 리퀴드는 호밀가루와 온수, 몰트로 원종을 만든 다음 원종과 밀가루, 물을 수화시켜서 배양한다. '불랑주리 다카기'에서는 고토부키베이킹머신의 천연효모 발효기를 사용한다. 효모가 활발해지는 약산성의 pH 수치를 유지하며 온도 관리도 철저히 하기 때문에 효모 품질이 안정적이라고 한다.

또 가족의 아토피성 피부염을 계기로 안전한 재료를 고집하여 일본산 밀을 적극적으로 사용한다는 점도 특징이다. '천연효모 바게트'에는 프랑스산 '샤르트르(Chartres)'와 호밀가루인 '기린고나(キリン粉)'를 사용하지만 강력분은 일본산을 사용한다. 맛은 물론이고 음식의 안전성을 위해 할 수 있는 한 노력하는 것이 음식을 만드는 사람의 사명이라고 생각하며 '포스트 하비스트(Post harvest, 수확 후 유통을

위해 방부제, 살균제, 살충제 등의 농약을 뿌리는 것)' 문제 등도 있기 때문에 일본산 밀을 주로 사용한다고 한다.

엄선한 일본산 밀과 호밀가루로 풍미를 더욱 높인다

밀가루와 호밀가루는 직접 갈아 밀가루 풍미가 제대로 느껴지는 아사히제분의 '샤르트르'를 중심으로 쫄깃한 식감을 주는 도후쿠제분의 '일본산 강력분'과 호밀가루의 독특한 고소함과 풍미를 더해주는 닛폰제분의 '기린고나'를 사용한다. 소금은 감칠맛 나는 굵은 소금을 사용하며 천연효모의 발효를 보조할 목적으로 몰트를 넣는다.

우선 저속으로 2분간 돌려 가볍게 섞는 정도로 믹싱을 하고 밀가루와 물을 수화시키기 위해 20분간 오토리즈하여 완전히 수화시킨다. 저속으로 2분간 돌린 후 소금을 넣고 다시 저속으로 2분 돌린 후 중속으로 2~3분 돌린다. 반죽 온도는 24℃다. 이때는 글루텐이 생기지 않도록 주의한다. 온도 28℃, 습도 62%에서 120분간 1차 발효를 한 후 펀치를 하고 다시 120분 발효시킨다. 발효 시간을 길게 잡아 생지를 천천히 수화시킨다. 350g으로 분할했다면 30분간 휴지시켜 생지를 약간 풀어준 후 성형한다. 온도 28℃, 습도 62%에서 약 1시간 30분간 최종 발효를 시키고 다른 바게트와 구별되는 디자인을 위해 쿠프를 세로로 1번 낸 후 윗불·아랫불 230℃에서 40분간 굽는다.

바게트

ヒルサイドパントリー 代官山

힐사이드 팬트리 다이칸야마

셰프 불랑제 마에다 나오지

염분을 줄여 밀의 향과 맛을 느낄 수 있는
매일 먹고 싶은 빵

_ 밀을 맷돌에 갈아 밀가루
본연의 맛이 느껴진다.
_ 염분을 줄여 소박하고
질리지 않는 맛이다.

'힐사이드 팬트리'의 바게트는 모든 식재료와 잘 어울리고, 매일 먹어도 질리지 않는다. 짠맛이 강하게 느껴지지 않고 밀가루 본래의 향과 단맛이 느껴지도록 만들었다. 염분을 줄이고 수분을 많이 머금게 해 소박하면서 입에서 살살 녹는 느낌이 좋은 바게트다.

바게트

배 합

TYPE ER(에베쓰제분) 80%

그리스트밀(닛폰제분) 20%

드라이이스트 0.6g

고토나다 소금 구운 것(료엔) 2%

유로몰트(이탈리아제) 0.2%

비타민C(100% 수용액) 0.1%

물 70%

발효 생지(전날 만든 '바게트' 생지) 10%

제 법

1. 믹싱   밀가루와 물을 넣고 저속 2분, 오토리즈 20분

    ↓ (이스트, 발효 생지, 유로몰트, 비타민C)

저속 3분

    ↓ (소금)

저속 1분 30초, 중속 30초

반죽 온도 23~24℃

2. 발효실   온도 28℃, 습도 75%에서 90분

펀치, 90분

3. 분할   350g

4. 휴지   실온(27~28℃)에서 20분

5. 성형   길이 58cm

6. 최종 발효   온도 27℃, 습도 70%에서 1시간

7. 굽기   쿠프를 7번 낸다.

윗불 220℃, 아랫불 210℃의 스팀 오븐에서 25분

기 기

믹서 …… SK믹서 스파이럴 믹서

오븐 …… 웰커 전기오븐

밤가루나 맥주 효모를 사용한
개성 있는 바게트도 제공

"바게트는 배합이 심플한 만큼 밀가루 맛이 느껴지도록 만들고 싶다"는 마에다 나오지 셰프.

빵이나 즉석식품 외에 수입한 음식을 취급하는 '힐사이드 팬트리'에서는 '바게트' 외에 직접 만든 맥주 효모의 신맛이 특징인 '수제 맥주 효모 맷돌 제분 바게트', 가을과 겨울 계절한정으로 만드는 '밤가루를 넣은 두유 바게트' 등 4종류의 바게트를 판매하고 있다.

"바게트를 먹을 때 처음에는 향이 느껴진다. 그때 강한 염분을 혀로 바로 느끼기보다는 밀가루의 향과 단맛이 염분을 감싸는 듯한 맛을 내면 어떨까 생각했다. 염분이 강한 바게트는 아무것도 바르지 않아도 맛있다. 하지만 짠맛을 줄여 모든 식재료와 잘 어울리고 매일 먹을 수 있는 바게트를 만들어보자는 목표를 세웠다"라고 셰프는 말한다. 그리고 그것이 이번에 소개하는 '바게트'이다.

염분은 줄이고 수분은 많이 흡수시켜
맛있게 만들어낸다

밀가루는 회분이 높은 에베쓰제분의 'TYPE ER'를 베이스로 했다. 그리고 일본 밀 특유의 탄성이 약하다는 단점을 보완할 목적으로 단백분이 높은 닛폰제분의 '그리스트밀'을 20% 넣었다. 맷돌로 간 밀가루의 향과 맛을 보다 높이는 효과도 있다.

맛의 포인트가 되는 염분은 단순히 줄이는 것이 아니라 맛의 밸런스를 생각해서 조절했다. 다양한 소금을 넣어서 시험해본 결과, 안전하면서 비용도 적당한 '고토나다 소금'을 구운 소금으로 사용하고 있다. 잘 구워내어 짠맛이 느껴지지 않는 맛을 만들었다고 한다.

효모는 예비발효를 시키는 타입의 드라이이스트와 전날 만든 프랑스빵 생지 10%를 섞어서 사용한다.

물은 약간 많이 배합한다. 일본산 밀이 탄성이 약한 것도 있고, 반죽이 느슨해지기는 하지만 촉촉하게 구워지며, 가정에서 2~3일에 걸쳐 먹는다는 점을 고려하여 생지의 노화를 늦추는 것이 목적이다.

그 외 다른 재료로는 생지의 발효를 촉진하여 구워졌을 때 색과 향을 높여주는 몰트, 생지의 처짐을 막아주는 비타민C 100% 수용액을 넣는다.

믹싱은 밀가루와 물을 넣고 저속으로 2분, 다음은 오토리즈를 20분 한다. 그 시간을 이용하여 이스트의 예비발효를 한다. 예비발효를 끝낸 이스트와 전날 만든 생지, 몰트, 비타민C를 넣어 저속으로 3분 돌린다. 마지막으로 소금을 넣어 전체에 고루 퍼지도록 저속으로 1분 30초, 중속으로 30초 돌린다.

수분이 많기 때문에 반죽 온도는 23~24℃로 설정한다. 이것보다 높으면 반죽이 느슨해진다.

완성된 반죽은 28℃, 습도 75%의 발효실에 90분, 펀치를 거쳐 다시 같은 온도와 습도의 발효실에 넣는다.

분할과 성형을 할 때는 생지에 부담을 주지 않도록 주의한다. 특히 성형할 때는 너무 누르면 생지가 손상되어 오븐에서 잘 부풀어 오르지 않고 먹었을 때 입에서 녹는 느낌이 좋지 않다. 반대로 너무 느슨하게 하면 구워도 수분이 잘 날아가지 않아 크러스트가 바삭해지지 않는다.

분할하고, 실온에서 20분 휴지시킨 후 성형한다. 그다음 27℃, 습도 70%인 발효실에 1시간 두어 최종 발효를 시킨다. 쿠프는 7번 내고 윗불 220℃, 아랫불 210℃인 스팀 오븐에서 25분간 굽는다.

소박하면서 씹을수록 맛이 느껴지는 바게트다. 유행이나 브랜드가 아닌 빵이 일상생활에 녹아들었으면 하는 마음으로, 손님의 요구사항과의 밸런스를 고려하여 앞으로는 심플한 빵을 늘려가고 싶다고 한다.

바게트 프랑세즈

Boulangerie eze Bleu

불랑주리 에즈 블루

오너 셰프 시마다 다카유키

**오로지 프랑스산 식재료만을 사용하여 구현한
파리의 바게트**

Point

_ 전부 프랑스산 재료를
  사용한다.
_ 풀리시법으로 감칠맛을
  더한다.

밀가루, 소금, 이스트뿐만 아니라 물까지 프랑스산 재료를 사용하여 만든 '바게트 프랑세즈'. '파리의 바게트'를 테마로 했다. 제법은 풀리시법으로, 숙성시킨 발효종을 넣어 깊은 맛을 추구했다.

바게트 프랑세즈

배 합

발효종

파린느 T-65 브랑제르(수입처 아르칸) 30%

물(Vittel) 30%

사프 인스턴트드라이이스트 0.05%

본반죽

파린느 T-65 브랑제르(수입처 아르칸) 70%

게랑드 소금 2.2%

몰트 0.02%

물 39~40%

사프 인스턴트드라이이스트 0.1%

제 법

발효종

1. 믹싱	저속 1분
	반죽 온도 24℃
2. 발효, 냉장	24℃에서 60분, 5℃에서 15분간 냉장

본반죽

1. 믹싱	저속 3분
	오토리즈 20분
	저속 5분, 중속 1분
	반죽 온도 20℃
2. 1차 발효	온도 26℃, 습도 60~70%에서 2시간
	펀치
	온도 26℃, 습도 60~70%에서 2시간
3. 분할	280g
4. 휴지	20분
5. 성형	길이 45cm
6. 최종 발효	건조 발효실 28℃, 습도 60%에서 70분
7. 굽기	밀가루를 뿌리고 쿠프를 가로로 1번 낸다.
	윗불 235℃, 아랫불 215℃에서 30분

기 기

믹서 …… 켐퍼 스파이럴 믹서

오븐 …… 본가드 스톤 플로어 오븐

콘셉트와 재료 모두 '프랑스'에 맞췄다

시마다 다카유키 오너 셰프는 파티시에에서 불랑제로 직업을 바꾸었다. 프랑스에서 파티시에 기술을 배우다가 귀국 직전 프랑스빵의 매력에 빠져, 일본에 돌아온 후에는 불랑제의 길을 걷고 있다. 가게를 차린 지금은 상품의 종류와 가게의 분위기 등 모든 것을 '파리에 있는 불랑주리'를 콘셉트로 하고 있다.

'바게트 프랑세즈'는 파리의 바게트를 구현한 바게트다. 가장 큰 특징은 밀가루부터 소금, 이스트, 물에 이르기까지 전부 프랑스산 식재료를 사용한다는 점이다. 밀가루는 회분 함량이 높고 밀기울이 가진 풍미가 깊은 맛을 만들어내는 프랑스산 '파린느 T-65 브랑제르'를 사용한다. 또 소금은 게랑드 소금, 이스트는 사프 드라이이스트, 물은 마그네슘과 칼슘을 풍부하게 함유한 경수 '비텔(vittel)'을 사용한다. 또한 '파린느 T-65 브랑제르'는 프랑스 빵집에서 가장 많이 사용하는 강력분이다. 회분 함량이 0.60~0.75%이며 감칠맛을 낸다는 특징이 있다. 현지에서는 '파린느 T-65 브랑제르'로 만든 빵이라는 점을 알리기 위해 가게 앞과 쇼윈도에 진열해두었다고 한다. '불랑주리 에즈 블루'에도 '파린느 T-65 브랑제르'를 진열해놓았다.

주역으로 활약할 프랑스산 스톤 플로어 오븐

제법의 특징은 오버나이트하여 제대로 숙성시킨 발효종을 이용한 풀리시법을 사용한다는 것이다. 사전에 숙성시켜 맛을 낸 발효종을 사용함에 따라 풍미가 풍부해진다는 생각에서다. 풀리시법으로 숙성시키면 복잡한 향과 풍미가 만들어진다고 한다.

밀가루와 물, 이스트를 24℃에서 60분간 발효시키고 5℃의 냉장고에서 15시간 동안 오버나이트하는 발효종은 전날 만들어서 전부 사용한다. 물론 발효종도 본반죽과 같은 식재료를 사용한다. 이때 사용하는 식재료도 모두 프랑스산이다.

본반죽은 저속 3분간 믹싱으로 시작한다. 글루텐이 생기지 않도록 믹싱한 다음 20분간 오토리즈한다. 수화시키기

위함은 물론, 이스트가 적기 때문에 조금씩 숙성시키기 위해서라고 한다. 그 후에는 생지에 탄력을 주기 위해 저속으로 5분, 중속으로 1분간 믹싱한다. 반죽 온도는 이다음의 장시간 발효를 생각하여 20℃로 낮게 설정하였다. 또 낮은 반죽 온도로 만들기 위해 물은 차게 식혀 사용한다.

발효가 시작된 후에는 생지를 조심히 다루어 생지에 더 이상의 스트레스를 주지 않는 것이 가장 중요하다. 펀치를 할 때도 반죽용기에서 살포시 꺼내 3절 접기를 한다. 성형할 때도 가스를 가볍게 뺀 후 반으로 1번만 접어서 이음매가 아래쪽으로 가도록 두고, 옆으로 조심스럽게 당기면서 모양을 만든다. 밀가루의 향을 살리려면 반죽에 스트레스를 주지 않아야 한다.

프랑스를 경애하는 시마다 셰프에게 '가게의 상징'이라 할 수 있는 바게트는 특별한 존재다. 그 마음은 철저하게 프랑스산 식재료만 사용하는 이 바게트에서도 알 수 있지만, 프랑스의 본가드사 스톤 플로어 오븐에서도 알 수 있다. 이 오븐은 바게트 전용 건조 발효실이 딸려 있고 오븐 안에 세라믹이 깔려 있다. 따라서 최적의 환경에서 발효시킬 수 있으며 돌의 원적외선 효과와 강한 화력으로 단숨에 크러스트가 만들어진다. 또 수분을 천천히 생지 속에 가두면서 속까지 익혀 촉촉한 바게트 속이 완성된다. 이 스톤 플로어 오븐은 개업 당시 바게트를 만들기 위해 들여놓았다고 한다.

바게트 니콜라

Boule Beurre Boulangerie

불 뵈르 불랑주리

오너 셰프 구사노 다케시

**나이 지긋한 손님에게도 사랑받는
가벼우면서 신맛이 나는 향 좋은 바게트**

ⓟoint

_풀리시법으로 만들어
확실히 수화시킨다.
_ 'TYPE ER'을 사용하여
본고장의 맛에 가깝게
만들었다.

평소 좋아하던 프랑스의 빵집 맛을 목표로, 제빵 기술을 익힌 빵집 '니콜라'의 스기야마 히로하루 셰프에게 배운 제법을 토대로 만든 바게트다. 연령에 상관없이 지역 주민들에게 식사용 빵으로 친숙하며 높은 인기를 자랑하고 있다.

바게트 니콜라

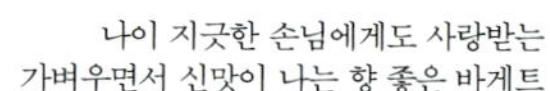

배 합

풀리시종

리스도르(닛신제분) 25%

사프 인스턴트드라이이스트 0.07~0.1%

몰트 시럽 0.5%

물 25%

본반죽

TYPE ER(에베쓰제분) 75%

시마마스 소금 2.1%

물 46~48%

제 법

풀리시종

1. 믹싱	스테인리스 볼에 밀가루와 이스트를 넣고 몰트 시럽과 물을 넣어서 거품기로 부드러워질 때까지 한데 섞는다. 반죽 온도 21℃
2. 발효실	온도 30℃, 습도 65%에서 2시간~2시간 30분
3. 냉장 숙성	-2℃의 냉장고에서 24시간

본반죽

1. 믹싱	밀가루와 소금을 넣고 저속 2분 ↓ (풀리시종, 물) 저속 6분, 2단 2분 30초 반죽 온도 22℃
2. 상온 발효	상온에서 1시간
3. 분할	330g
4. 휴지	40분
5. 냉장 숙성	-3℃의 냉장고에서 6~8시간
6. 성형	길이 55cm
7. 최종 발효	온도 27℃, 습도 65%에서 35분
8. 굽기	쿠프를 7번 내고 독일산 호밀가루를 뿌린다. 윗불 235℃, 아랫불 230℃에서 25분. 20분이 지나면 상태를 보면서 굽는 위치를 바꾼다.

기 기

믹서 …… 쇼고르제 스파이럴 믹서

오븐 …… 칼웨커 전기오븐

본고장 프랑스의 바게트 맛을 내기 위한 재료를 선택

'불 뵈르 불랑주리'에서 판매하는 '바게트 니콜라'는 구사노 다케시 오너 셰프가 전에 일했던 '니콜라'의 스기야마 히로하루 셰프에게 배운 제법을 그대로 지켜 만드는 바게트다. 감사의 마음을 담아 바게트에 '니콜라'라는 이름을 붙였다.

구사노 셰프의 목표는 프랑스에 있는 좋아하는 빵집의 빵 맛을 조금이라도 재현하는 것이다. 따라서 그에 맞게 재료 선택과 배합을 했다. 그 프랑스 빵집의 바게트는 맛이 가볍고 신맛이 있으며 밀가루의 좋은 향이 났다. 이 맛을 재현하고자 마음을 담아 매일 정성껏 바게트를 만들고 있다. 이상을 실현하기 위해 우선 밀가루 선택에 신경을 썼다. 올해 들어서 본반죽용 밀가루를 에베쓰제분의 'TYPE ER'로 바꿨는데, 밀가루 향이 잘 나서 목표로 한 프랑스 바게트의 향과 비슷해졌고 풍미도 한층 더 좋아졌다고 한다. 또 색감도 노르스름한 크림색이 되었고 맛도 깊어졌다. 게다가 'TYPE ER'은 풀리시종의 발효 풍미와도 잘 어울린다는 것을 알았다.

생지에 맛을 내기 위해 풀리시종에만 이스트를 소량 넣는다. 소금은 시마마스 소금을 사용하여 순한 맛을 더했다. 풀리시종에 넣는 물은 기후에 따라 25% 이하로 넣을 때도 있다. 전체 흡수량은 최대 72%로 하는 것이 가장 좋다고 한다.

온도 관리와 반죽 상태를 판단하는 것이 중요하다

풀리시법으로 만드는 이유는 수화가 잘되고 가벼우며 발효의 풍미와 신맛을 낼 수 있기 때문이다. 이 공정에서 풀리시종을 잘 만들어내는 것이 가장 중요하다. 특히 온도를 관리하는 것과 발효종이 부풀어 올라 적당한 발효 상태가 됐는지 판단하는 것이 중요하다.

풀리시종은 믹싱을 끝내고 발효실에서 꺼낸 후 -2℃의 냉장고에 24시간 넣는 냉장 숙성이 가장 중요한 포인트이

다. 저온에서 장시간 숙성시키면 수화가 제대로 이루어져 바게트 속이 깔끔하게 만들어진다고 한다.

본반죽은 먼저 믹서에 'TYPE ER'과 소금을 넣어 저속으로 2분 돌린다. 그다음 풀리시종을 넣은 볼에 22~24℃의 미지근한 물 46~48%를 넣는다. 이때 발효종이 손상되지 않도록 발효종을 띄우듯 주변부터 물을 넣는다. 이것은 발효종이 생지로 완성되고 있기 때문에 가능한 생지를 손상시키지 않도록 조심스럽게 다루기 위함이다. 이다음 스테인리스 볼에서 믹서로 옮겨 저속으로 6분, 2단으로 2분 30초 순서로 생지가 뭉쳐지도록 제대로 섞는다.

생지를 풀어주기 위해 발효용기에서 꺼내 1시간 동안 상온에 둔다. 그다음 가위로 330g으로 분할하여 둥글리기한다.

40분간 휴지시킨 후 다시 -3℃의 냉장고에 6~8시간 넣어 발효를 늦추면서 냉장 숙성을 시킨다. 이것은 드라이이스트를 사용하기 때문에 발효를 억제하고 수화시키기 위해서이다.

1시간 30분 전에 생지를 냉장고에서 꺼내 상온에 두고 생지가 느슨해지면 성형을 한다. 그 후 생지를 잘 쳐 가스를 빼서 큰 기포를 없애는 것이 포인트다. 이렇게 하면 구웠을 때 바게트 속이 예쁜 벌집 모양의 기포로 만들어지고 식감도 좋아진다고 한다.

바게트

ラパンノワール くろうさぎ

라팡 느와르 구로사기

오너 셰프 아라이 다카오

**자가배양한 천연효모로만 만들 수 있는
산미를 더한 풍미 가득한 바게트**

ⓅPoint

_이스트를 사용하지 않고
직접 만든 효모로 산미와
향을 낸다.
_3종류의 일본산 밀을 사용하여
밀가루 풍미를 끌어낸다.

'어떤 요리에도 어울리는 바게트'를 목표로 하는 라팡
느와르 구로사기. 일본산 밀의 맛과 자가배양한 천연효모로 절제된 산미를
내고 오토리즈법으로 만들어 밀가루의 풍미가 날아가지 않도록 한다.

바게트

배 합

하루유타카(에베쓰제분) 40%

다이고미(다다제분) 24%

베니A(마에다식품) 16%

다카라 소금 1.8%

오가닉 몰트 0.5%

자가배양 효모 ▪ 32%

물 53%

> **▪ 자가배양 효모(건포도종)**
>
> 1. 약간 큰 용기에 노바(ノヴァ)의 유기농 건포도 400g과 물 1.5ℓ를 넣어서 26℃의 상온에 4~5일 둔다. 건포도가 떠오르면 체나 소쿠리에 걸러 진액만 짜내서 건포도종을 만든다.
>
> 2. 1의 건포도종 100% 대비 밀가루(하루유타카 80%, 통밀가루인 농림61호 20%)를 넣어서 섞고 26℃의 상온에 24시간 둔다.
>
> 3. 2에 밀가루 200g(하루유타카 160g, 통밀가루인 농림61호 40g)과 물 200㎖를 넣어서 섞고 26℃의 상온에 12시간 둔다.
>
> 4. 3에 밀가루 600g(하루유타카 480g, 통밀가루인 농림61호 120g)과 물 240㎖을 넣어서 섞고 26℃의 상온에 6시간 놔두면 완성된다. 남은 효모는 냉장고에서 4~5일간 보관 가능하다.

제 법

1. 믹싱   저속 2분

오토리즈 30분

↓ (소금, 효모)

저속 2분, 중속 2분

반죽 온도 25℃

2. 1차 발효   온도 28℃, 습도 75%에서 3시간

3. 분할   350g

4. 휴지   30분

5. 성형   길이 55cm

6. 최종 발효   온도 32℃, 습도 75%에서 1시간~1시간 20분

7. 굽기   쿠프를 6번 낸다.

윗불 230℃, 아랫불 220℃인 오븐에 스팀을 넣어서 32~35분

기 기

믹서 …… 간토혼합기공업 버티컬 믹서

오븐 …… 도쿄고토부키인더스트리 평가마 전기오븐

3종류의 일본산 밀을 섞고 재료 선택에도 신경을 썼다

'라팡 느와르 구로사기'의 아라이 다카오 셰프는 일본산 밀의 맛을 전하고 싶다는 마음으로 모든 빵에 일본산 밀을 사용하고 있다. '바게트'에는 3종류의 일본산 밀을 섞어서 사용한다. 아라이 셰프의 목표는 '어떤 요리에도 어울리는 바게트'를 만드는 것이다.

밀가루는 탄력이 강한 에베쓰제분의 '하루유타카' 40%와 바삭한 식감을 내기 위해 다다제분의 '다이고미' 24%, 마에다식품의 '베니A' 16%를 사용하고 있다. '하루유타카'만으로도 탄력이 생기지만 보다 풍미와 식감을 살리기 위해 프랑스산 밀가루처럼 점성이 강한 '다이고미'와 '베니A'도 사용한다.

버터를 발라 먹어도 짠맛이 적당히 남는 바게트를 만들기 위해 소금은 '다카라 소금'을 사용한다. 여러 가지 소금으로 시험해본 결과, 이 천연소금이 미네랄을 다량으로 함유하고 있어 순한 맛을 내기 때문에 가장 원하는 맛에 가까운 바게트가 만들어졌다.

'라팡 느와르 구로사기'의 가장 큰 특징은 직접 배양한 천연효모다. 이 천연효모는 건포도 액종과 일본산 밀로 만든 발효종에 일본산 밀과 물을 넣어 배양한 것이다. 밀가루는 홋카이도산 '하루유타카 블렌드'와 매장 근처 마을 오가와마치에서 유기무농약으로 계약재배한 통밀가루 '농림61호'를 오스트리아제 맷돌로 직접 제분하여 4:1 비율로 사용한다. 통밀가루로 밀가루 본래의 풍미를 더했다.

이스트를 사용하지 않고 천연효모만으로 발효시켜 이스트로는 나오지 않는 일본산 밀의 향과 산미를 만들어내고 있다.

이 효모의 발효를 보조하기 위해 넣는 '오가닉 몰트'는 제빵용 몰트는 아니지만 효모 영양 공급원으로 발효를 돕고, 바게트에 노릇노릇한 색을 내준다.

일본산 밀은 글루텐 함량이 낮기 때문에 구울 때 쉽게 익지 않는다. 따라서 발효력이 강한 효모를 포함해 흡수량을 넉넉하게 배합하여 반죽을 잘 익게 만든다.

향이 날아가지 않도록 오토리즈를 한다

생지는 모든 공정에서 조심히 다루도록 항상 유념한다. 믹싱은 밀가루, 몰트, 물을 믹서에 넣고 저속으로 2분 돌린 후 30분간 오토리즈를 한다. 효모와 소금을 넣어 저속으로 2분, 중속으로 2분 돌린다. 오토리즈를 하는 것은 믹싱 시간을 짧게 하고 밀가루의 풍미가 날아가지 않도록 하기 위해서이다.

다음은 온도 28℃, 습도 75%의 발효실에 넣어 3시간 동안 생지를 천천히 발효시킨다. 그다음 생지가 손상되지 않도록 350g씩 분할하고 30분간 휴지시킨다. 자가배양 효모는 이스트에 비해 발효력이 약하기 때문에 생지 상태를 봐서 조금 더 길게 휴지시킬 때도 있다.

성형은 앞에서부터 1/3, 맞은편 쪽에서부터 1/3 접는다. 그리고 다시 한 번 같은 방법으로 접는다. 이 공정이 중요하며 일본산 밀은 글루텐 힘이 강하기 때문에 성형하는 단계에서 제대로 생지를 눌러주지 않으면 볼륨이 생기지 않는다고 한다. 그리고 가능한 반죽이 손상되지 않도록 하면서 55cm 길이까지 늘린다.

이어서 굽기에 들어간다. 윗불 230℃, 아랫불 220℃로 설정하고 스팀을 넣어 35분 정도로 약간 오래 구우면 크러스트가 바삭해지고 바게트 속 기포의 크기가 고르지 않은 개성적인 모양이 되어 좋다고 한다.

바게트

BOULANGERIE E.S.

불랑주리 E.S.

오너 셰프 시마다 에이지

매일 먹어도 질리지 않는 부드러운 맛의 바게트

_ 성형에서 제대로 탄력을
만들어 볼륨을 낸다.
_ 독특한 맛은 없지만
감칠맛은 풍부한 밀가루를
선택했다.

매일 먹어도 질리지 않는 바게트를 목표로 한다. 맛과 향이 강한 밀가루를 사용하여 개성을 더했다. 크게 갈라진 쿠프, 보기만 해도 바삭한 식감이 연상되는 색깔 등 보는 맛도 만점인 바게트다.

바게트

배 합

리스도르(닛신제분) 80%
레장데르(닛신제분) 20%
인스턴트드라이이스트 0.37%
소금 2%
몰트 0.3%(같은 양의 물에 타서 사용한다.)
물 68%

제 법

1. 믹싱   저속 2분
         ↓ (이스트)
         저속 30초
         오토리즈 15분
         저속 1분
         ↓ (소금)
         저속 3분, 중속 2분
         반죽 온도 24℃
2. 상온 발효   온도 27℃, 습도 75%에서 60분, 펀치, 120분
3. 분할   330g
4. 휴지   실온에서 30분
5. 성형   길이 60cm
6. 최종 발효   온도 28℃, 습도 75%에서 1시간
7. 굽기   쿠프를 7번 낸다.
         미리 스팀을 1번 넣고 오븐에 넣은 후 바로 2번 넣는다.
         윗불 240℃, 아랫불 240℃에서 10분
         윗불 230℃, 아랫불 220℃에서 15분
         구워진 정도를 확인하고 필요하다면 온도 조절하여 3분

기 기

믹서 …… SK믹서 버티컬 믹서
오븐 …… 후지사와마루젠 전기오븐

매일 먹어도 질리지 않는 일상성이 높은 바게트

'불랑주리 E.S.'가 위치한 가나가와현의 쇼난·가마쿠라는 빵 문화가 발달한 지역이다. 특히 하드계열 빵은 이 지역의 어르신들이 오래전부터 먹어온 매우 일상적인 빵이라고 한다. 이 가게에도 진열된 빵의 60~70%가 하드계열이라고 하니, 그 인기와 수요가 높다는 점을 알 만하다. '불랑주리 E.S.'에서 판매하는 '바게트'는 매일 먹어도 질리지 않는 맛을 목표로 만들었다.

시마다 에이지 셰프는 빵을 좋아하는 사람들이 주식으로 매일 먹을 수 있는 바게트를 만들고 싶었다고 한다. 맛이 진하면 그 순간은 맛있다고 느껴도 매일 먹으면 질릴 수 있다고 생각하여 담백한 바게트를 만들고자 한 것이다.

독특하지 않은 맛을 중요하게 여기면서도 그 안에서 시마다 셰프가 추구하는 것은 바로 감칠맛이다. 감칠맛을 내는 포인트는 밀가루 선택에 있다.

메인으로 사용하는 밀가루는 '리스도르'. 향이 풍부하고 고소하게 구워진다는 점에 매력을 느껴 바게트뿐만 아니라 다른 하드계열 빵에도 메인으로 사용한다. 전에는 '리스도르'만 사용했지만 보다 감칠맛을 더하고 싶어 회분 함량이 높은 '레장데르(Legendaire)'를 20% 배합했다.

반죽에 탄력을 주고 보기 좋은 모양으로 만든다

밀가루 맛이 날아가지 않도록 가능한 믹싱은 하지 않는다. 우선 밀가루와 물, 몰트를 저속으로 2분, 겨우 섞일 정도로만 돌린다. 그다음 이스트를 넣어서 저속으로 30초간 돌린 후 15분간 오토리즈를 한다. 오토리즈를 하는 이유는 가능한 반죽하지 않고 자연스럽게 수화시키기 위해서다. 15분은 이스트 과립의 코팅된 부분이 녹는 한계 시간이라고 한다.

발효를 방해하는 소금은 이스트에 직접적으로 닿지 않도록 저속으로 1분간 돌린 후에 넣어서 저속으로 3분, 중속으로 2분간 믹서를 돌린다. 마지막 중속으로 2분간 돌리는 믹싱은 생지 경도를 보고 시간을 조절한다.

이어서 상온 발효 시간이 틀어지지 않도록 반죽 온도는 24℃를 지키고, 중간에 펀치를 하면서 3시간 동안 천천히 상온 발효를 시킨다.

성형은 나중에 고치기 어렵기 때문에 굉장히 중요하다. 반죽에 탄력을 주고 불필요한 가스를 빼는 것이 포인트다. 탄력이 부족하면 불륨이 나오지 않고 쿠프도 터지지 않아 맛있어 보이는 모양으로 만들어지지 않는다. 또 가스빼기가 제대로 이루어지지 않으면 식감이 푸석하고 잘록한 모양이 되어버린다.

시마다 셰프의 성형 방법은 다음과 같다. 분할할 때 반원통형으로 뭉친 생지의 가스를 빼고 아래, 위 순서로 탄력을 만들면서 접은 다음 위아래를 합친다. 이때 반죽의 이음매를 완전히 잇지 않고, 이다음의 반죽을 굴려서 바게트 틀에 정돈해 넣는 공정에서 생지를 이음매부터 말아 넣고 편다.

쿠프는 크게 갈라지는 게 보기 좋으므로 생지 너비의 좌우 양 끝이 닿을 정도로 크게 내는 것이 포인트다. 손에 힘을 주지 않고 칼끝으로 긋는 느낌으로 얇고 균일하게 쿠프를 낸다. 여기서 주목해야 할 점은 습도다. 너무 습하면 기울여서 수분을 날리고, 습도가 부족하면 분무기로 물을 뿌려 반죽에 수분이 배어들었을 때 쿠프를 낸다.

겉은 바삭하고 속은 촉촉한 이상적인 바게트를 만들기 위해 28분간 고온에서 굽는 게 중요하다. 온도는 시간을 고려하여 설정했다. 굽기 시작하여 10분 후 온도를 떨어뜨리고, 마지막 3분이 남았을 때 구워진 정도를 확인한 후 온도를 조절하여 28분이라는 시간에 맞춰 굽는다.

바게트

bäcker fujiwara

벳카 후지와라

오너 셰프 후지와라 도시오

식사와 함께 즐길 수 있도록 가벼운 식감을 내면서
진한 밀가루 향으로 임팩트를 준다

Point

_2시간 동안 오토리즈를 해서
밀가루의 향을 끌어낸다.
_생지의 탄력을
마지막 단계까지 유지하여
볼륨을 만들어낸다.

식사와 함께 즐길 수 있도록 식감을 가볍게 하면서 하나의 포인트를 주고 싶어 탄생시킨 벳카 후지와라의 바게트. 이스트를 억제하고 장시간 발효시킨 다음 오토리즈를 2시간 하여 밀가루 향을 강화했다.

바게트

배 합

오호츠크(쇼와산업) 100%

인스턴트드라이이스트 0.6%

소금 2%

물 65%

제 법

1. 믹싱	밀가루와 인스턴트드라이이스트를 섞고 물을 넣는다.
	저속 2분
	반죽 온도 8℃
	오토리즈 2시간
	↓ (소금)
	중저속 2~3분
	반죽 온도 18℃
2. 1차 발효	실온(25℃ 기준)에서 2시간 30분
	펀치
	실온(25℃ 기준)에서 1시간
3. 분할	350g
4. 휴지	실온(25℃ 기준)에서 20분
5. 성형	길고 가늘게 만들어서 잠시 휴지시킨 후 길이 57cm
6. 최종 발효	온도 33℃, 습도 65%에서 1시간
7. 굽기	쿠프를 6번 낸다.
	스팀을 넣고 190℃에서 약 30분

기 기

믹서 …… 아이코제작소 버티컬 믹서

오븐 …… 츠지기계 컨벡션 오븐

밀가루 향을 끌어내기 위해 2시간 동안 오토리즈를 한다

후지와라 도시오 셰프가 목표로 한 바게트는 식사와 함께 즐길 수 있도록 가벼우면서 동시에 임팩트가 있는 바게트다. 그 임팩트로 부여한 것이 바로 '향'이다. 심플한 재료로 만들기 때문에 '향'에 승부를 걸어 강한 밀가루 향이 돋보이는 독창성을 내세우기로 했다.

이스트 양을 억제하고 장시간 발효시켜 밀가루의 향을 끌어낸다. 그중에서도 주목해야 할 점은 밀가루와 이스트, 물을 저속으로 2분 믹싱한 후에 진행하는 저온에서 2시간 휴지시키는 오토리즈다. 소금을 넣어 이스트의 활동을 억제하는 전 단계에서 장시간 휴지시키면 맛과 향이 보다 증폭한다.

천천히 발효시키기 위해 반죽 온도를 8℃ 정도로 낮게 만드는 것이 포인트다. 기온이 높은 여름철에는 밀가루와 물을 차갑게 하여 믹싱하고, 그 후에도 냉장고에서 발효를 시킨다.

밀가루는 100% 일본산 밀로 만든 '오호츠크'를 사용한다. 질이 좋은 것에 비해 가격이 낮고, 로컬푸드라는 이유에서다. 후지와라 셰프는 가까이 있는 재료를 사용하는 것은 자연스러운 선택이며, 될 수 있으면 앞으로도 계속 '오호츠크' 밀가루를 사용하고 싶다고 말한다.

"재료와 배합은 기본 중의 기본"이라고 말했듯이 매우 심플하게 밀가루, 소금, 이스트, 물만 사용한다. 맛과 독자성은 특별한 재료나 배합으로 만드는 것이 아니라 어디까지나 제법과 공정으로 만들어내는 것이라 생각한다. 이것은 후지와라 셰프가 바게트뿐만 아니라 제빵 자체에 임하는 태도이기도 하다.

반죽의 탄력을 마지막까지 유지하면서 볼륨을 만들어 가벼운 식감을 만들어낸다

오토리즈를 마친 생지는 소금을 넣어서 중저속으로 2~3분 윤기가 나는 정도까지 돌린다. 1차 발효는 중간에 펀치를 해서 총 3시간 30분 동안 한다. 빵의 생명이라고 할 수 있는 향기로운 맛은 밀가루 성분과 발효에 의해 생기는 부산물로 만들어지는데, 이것을 충분히 끌어내기 위해 휴지를 시키는 것이라고 한다. 2시간 30분이 지난 후 기포가 남을 정도로 약하게 펀치를 한다.

성형은 생지가 손상될 수 있으므로 한 번에 하지 않고 분할할 때 길쭉하게 뭉친 생지를 한 번 더 늘린 후 잠시 휴지시킨다. 그다음 생지 위아래를 접고 양 끝을 안으로 넣어 접은 다음 한가운데에 심을 만든다는 느낌으로 반죽을 늘리면서 탄력을 만든다.

최종 발효는 1시간에 끝나도록 발효실 온도를 약간 높게 설정한다. 1시간이라는 시간은 부풀리기와 탄력, 이 두 가지를 유지할 수 있는 가장 좋은 시간이다. 이때 잘 부풀지 않는다고 해서 시간을 더 들이면 생지가 뭉크러지고 만다. 가벼운 식감으로 만들려면 탄력을 유지한 채 굽기 시작하여 볼륨을 내는 것이 중요한 포인트다.

향을 내기 위해 30분간 굽고, 황금색보다 조금 진한 색으로 구워낸다. 구워졌을 때 증기가 빠지는 소리가 나면 굽기 상태가 좋다는 증거이다.

"바게트는 빵의 집대성"이라고 말하는 후지와라 셰프에게 바게트는 의미 있는 빵이다. 현재 사용하는 제법은 독창적인 강한 향을 내기 위해 시행착오를 반복하여 모색한 결과로 만들어진 것이다.

바게트

BOULANGERIE ianak!

불랑주리 이아낙!

오너 가네이 다카유키

깊은 감칠맛과 먹기 좋은 익숙한 식감이 매력

Point

_저온 장시간 발효에 알맞은
재료를 선택한다.

_프랑스산 맷돌로 제분한
가루를 넣어 식감을 좋게
만든다.

밀의 깊은 맛과 감칠맛을 끌어내기 위해 저온에서 장시간 발효시켰다. 맷돌로 제분한 가루로 가벼운 맛을 냈고, 탄성이 너무 강하지 않아 씹는 맛이 매력적이다. 직접 만든 효모와 호밀가루에서 나오는 은은한 산미가 개성을 높인다.

바게트

배 합

리스도르(닛신제분) 65%

레장데르(닛신제분) 20%

무르 드 피에르(구마모토제분) 10%

아레파인(닛신제분) 5%

생이스트 0.4%

소금 2.3%

BBJ 0.3%

르뱅 리퀴드 ■ 15%

물 66.3~66.5%

> ■ 르뱅 리퀴드는 호밀로 만든 자가제 효모다. 다음과 같은 순서로 만든다. 호밀과 물을 같은 비율로 섞어서 하룻밤 놔두어 효모종을 만든다. 다음 날 효모종, 호밀, 물을 같은 비율로 섞어서 하룻밤 놔두는데 이것을 5번 정도 반복하여 원종을 만든다. 밀가루 1에 물 1.2, 원종 0.5의 비율로 섞어서 28℃에서 24시간 발효시킨다. 이 작업을 한 번 더 반복하면 르뱅 리퀴드가 완성된다. 온도나 시간은 전용기기로 관리한다.

제 법

1. 믹싱　　　　1단 1~2분

　　　　　　　오토리즈 30분

　　　　　　　↓ (소금, 생이스트, 르뱅 리퀴드)

　　　　　　　1단 2~3분, 2단 3~4분

2. 상온 발효　실온(30℃ 정도를 기준으로)에서 1시간

3. 분할　　　300g

4. 휴지　　　실온(30℃ 정도를 기준으로)에서 30분

5. 성형　　　길이 50cm

6. 최종 발효　온도 5~7℃, 실온 80% 이하에서 15~20시간

7. 굽기　　　쿠프는 5번 낸다.

　　　　　　　처음에 스팀을 넣고 윗불 250℃, 아랫불 250℃에서 10분

　　　　　　　아랫불을 230℃로 내려서 13~14분

기 기

믹서 …… 스파이럴 믹서

오븐 …… 미베 전기오븐

장시간 발효로 깊은 맛을, 맷돌 제분한 밀가루로 가벼운 식감을 만든다

바게트는 굉장히 심플한 재료로 만드는 빵이다. 그렇기 때문에 밀의 맛을 어떻게 살리는지가 중요해진다. 이런 생각에서 저온 장시간 발효를 통해 반죽을 숙성시키는 제법을 선택하여 밀가루의 깊은 맛을 끌어내고 있다. 또 공정이 얼마 남지 않은 최종 발효에서 장시간 발효를 시키는 점도 특징이라 할 수 있다. 숙성은 가스가 안정된 상태에서 할 수 있기 때문에 보다 풍미가 증가한다고 생각한다.

가네이 다카유키 오너가 밀가루의 깊은 맛과 함께 추구한 것은 바로 씹는 맛이었다. 딱딱해서 먹기 어렵다는 이미지가 있는 바게트를 손으로 뜯지 않고 다른 빵처럼 잘 씹어 먹을 수 있는 익숙한 식감으로 만들어, 보다 많은 사람들의 일상에 바게트가 스며들기를 바랐다.

밀가루는 장시간 발효시켜야 한다는 점과 씹는 맛이 좋아야 한다는 점을 고려하여 4종류를 섞어 사용한다.

메인으로 사용하는 '리스도르'는 작업성이 뛰어나고 장시간 발효에 적합한 밀가루다. '레장데르'도 마찬가지로 장시간 발효에 적합하며 회분이 높고 감칠맛이 강하다는 특징이 있다. 씹는 식감을 좋게 하는 것이 '무르 드 피에르'. 프랑스산 밀을 맷돌로 제분한 것으로 빵이 가벼워지고 풍부한 향이 난다고 한다.

호밀가루인 '아레파인'은 보존성을 높이는 목적으로 넣는다. 호밀은 맛이나 식감의 열화(劣化)를 늦추는 효과가 있으며 호밀 자체에서 나는 신맛이 은은하게 더해져 풍미도 증가한다. 15%로 배합하는 직접 만든 르뱅 리퀴드도 깊은 맛을 내는 재료다. 바게트뿐만 아니라 모든 빵에 사용하여 신맛과 단맛을 더해 개성을 높였다. 르뱅 리퀴드도 장시간 발효를 하면 보다 깊은 맛이 난다.

천천히 숙성시키기 위해 발효를 억제하는 효과가 있는 소금은 2.3%로 약간 많이 배합한다. 장시간 휴지시키면 생지가 뭉그러지기 쉬우므로 BBJ(천연제빵개량제)를 아주 소량 넣지만, 언젠가는 BBJ를 쓰지 않기 위해 연구 중이다.

생지에 부담을 줄이고 탄성이 강하지 않은 식감으로 만든다

믹싱할 때는 생지의 상태를 확인하면서 스파이럴 믹서를 회전시키는 중간에 역회전을 시켜 전체가 균일하게 섞이도록 한다. 먼저 가루 종류와 물, BBJ를 1단으로 1~2분간 돌려 섞고 30분간 오토리즈를 한다. 이때 오토리즈를 하면 구울 때 반죽이 잘 부풀어 오른다. 30분이라는 길이는 반죽이 효과적으로 부풀어 오르는 작용을 하는 시간이다. 그다음 이스트, 르뱅 리퀴드, 소금을 넣어 1단으로 2~3분, 2단으로 3~4분 돌린다. 반죽에 윤기가 생기면 믹싱이 끝났다는 신호다.

실온에서 1시간 동안 상온 발효를 하고 생지의 부푼 상태나 탄력을 본 후 분할한다. 분할할 때 생지에 스트레스를 주지 않도록 주의를 기울이고 분할한 후에는 힘을 주지 않고 접듯이 뭉쳐서 생지에 주는 부담을 줄인다.

성형할 때도 생지를 너무 누르지 않도록 주의하며 모양보다 생지 상태를 우선으로 둔다. 다소 모양이 예쁘지 않거나 길이가 고르지 않더라도 무리하게 힘을 주지 않고 생지가 늘어나는 길이로 성형한다. '불랑주리 이아낙!'의 바게트는 양 끝이 뾰족한 스타일이다. 하나의 바게트에서 다양한 식감을 즐길 수 있도록 고안한 모양이다.

5~7℃, 습도 80% 이하의 도우컨디셔너에서 최종 발효를 하고 15시간 이상 숙성시켜 밀의 맛을 끌어낸다.

구울 때 중요 포인트는 볼륨을 내기 위해 처음 10분 동안은 아랫불을 약간 높게 설정하는 것이다. 23~24분간 구우면 밀가루의 깊은 맛과 감칠맛이 느껴지고 씹는 식감이 좋은 매력적인 바게트가 완성된다.

코나 바게트

PAIN de CONA
팽 드 코나

오너 셰프 다카하시 세이치

든든하면서 먹기 좋은 세련된 천연효모 바게트

ⓟoint

_6종류의 밀가루를 복잡하게
배합하여 밀가루의 풍미를
높인다.

_고온으로 단시간 구워
껍질은 얇고 속은 촉촉한
바게트로 만든다.

직접 만든 사과효모를 사용한 천연효모 바게트다. 천연효모 빵의 좋은 부분은 살리면서 먹기 좋은 식감과 풍미를 만들도록 연구하고 있다. 밀가루가 가진 깊은 맛과 든든함이 제대로 전해져 온다.

# 코나 바게트

배 합

리스도르(닛신제분) 58%

오가닉 밀가루(무소상사) 15%

골든 맘모스(다이이치제분) 15%

호밀가루(다이이치제분) 5%

호밀가루 K(곱게 간 것, 다이이치제분) 5%

호밀가루 D(굵게 간 것, 다이이치제분) 2%

천연효모(사과종) 30%

하카타 소금 2.4%

물 61%

몰트 물 ▪ 1.6%

> ▪ 몰트 물은 물 100㎖에 몰트 6g을 섞은 것이다.

제 법

1. 믹싱   저속 3분, 오토리즈 15분

     ↓ (소금, 천연효모)

     저속 3분 30초, 저속 25초

     반죽 온도 23.5℃

2. 1차 발효   온도 30℃, 습도 75%에서 60~70분

3. 분할   250g

4. 휴지   실온(30℃)에서 20분

5. 성형   길이 22~23cm

6. 최종 발효   온도 30℃, 습도 75%에서 3시간~3시간 30분

7. 굽기   쿠프를 4번 낸다.

     오븐에 넣기 전과 후에 스팀을 넣고 윗불 260℃에서 15분(아랫불 다이얼을 반 돌린다), 윗불 250℃에서 5분(아랫불은 끈다)

기 기

믹서 …… 파바이에 스파이럴 믹서

오븐 …… 파바이에 전기오븐

이론에 얽매이지 않은 독자적인 방법으로 만든 천연효모

'코나 바게트'는 '현대적인 천연효모 바게트'를 테마로 1993년에 개발됐다. 당시 천연효모 바게트는 딱딱하고 산미가 있는 맛이 특징이었지만 다카하시 세이치 셰프가 만들어낸 바게트는 입안에 풍미를 남기면서 먹기도 편하다. 그 세련된 맛은 시류를 타고 천연효모 빵의 저변을 넓혔다.

'코나 바게트'에는 2가지의 큰 특징이 있다. 우선 첫 번째는 굽는 방법이다. 이제까지 천연효모 빵은 약간 낮은 온도로 장시간 굽는 것을 이론으로 하고 있었지만 다카하시 셰프는 고온으로 단시간에 굽는다. 이렇게 하면 껍질은 얇고 속은 촉촉하게 구워진다. 너무 딱딱하지 않고 적당히 씹는 맛이 생긴다.

두 번째는 밀가루의 배합 방법이다. 밀가루의 든든함과 깊은 풍미를 실현시키기 위해 총 6종류의 가루를 섞는다. 호밀가루도 12% 배합하지만 곱게 간 것과 굵게 간 것을 섞어 먹었을 때 호밀가루 특유의 풍미가 너무 두드러지지 않도록 한다.

밀가루와 호밀가루 자체도 날마다 맛이 변하기 때문에 그에 맞게 배합 비율이나 가루의 종류를 바꾼다. 각 가루의 특징을 모르면 할 수 없는 작업이다.

스팀을 충분히 넣어서 고온으로 단시간에 굽는다

먼저 6종류의 가루와 몰트 물, 물을 저속으로 믹싱한다. 그다음 15분간 오토리즈를 한다. 일단 반죽을 휴지시키면 생지가 스트레스를 받지 않고 글루텐이 자연스럽게 형성된다. 이어서 소금(하카타 소금, 구운 소금)과 천연효모를 넣어서 다시 한 번 믹싱한다.

천연효모는 사과종을 사용한다. 여러 가지 과일로 시험해봤지만 안정적이고 부드러운 풍미로 어떤 생지와도 궁합이 좋아 만능으로 사용할 수 있어서 사과종을 선택했다.

60~70분간 1차 발효를 하고 그다음 분할, 휴지, 성형을 거쳐서 3시간~3시간 30분 동안 발효실에 둔다. 여기서 주목할 것은 1차 발효를 짧게 하고 최종 발효에 시간을 들인다는 점이다. 천연효모는 원래 생지 자체가 숙성해 있기 때문에 생지에 신장성이 생기기 시작하면 분할에 들어간다. 최종 발효에 무게를 두어 빵을 가벼운 식감으로 완성시킨다. 최종 발효 시간에 여유가 있는데, 날씨 등에 따라 발효 상태가 달라지므로 생지의 느슨한 상태나 향을 확인하면서 발효 시간을 가감한다.

오븐은 프랑스제 파바이에사 제품을 사용한다. 스팀은 생지를 넣기 전과 넣은 직후, 총 2번 넣는다. 증기가 듬뿍 들어가면 자연스럽게 잘 부풀어 오른다.

굽기 전에 쿠프를 4번 내고 260℃에서 15분, 250℃로 내려서 5분 굽는다. 아랫불은 처음에는 온도 다이얼을 반까지 돌리고, 윗불 온도를 내리는 타이밍에 끈다. 그러면 너무 익어서 껍질이 딱딱해지는 것을 막을 수 있다.

1회 준비하는 양은 평일 5kg, 주말 8kg이다. '코나 바게트'를 사는 손님은 대개 정해져 있다. 그램 수에 변화를 준 350g짜리 코나 바게트도 있지만 250g짜리 코나 바게트가 하루에 10개 전후로 판매량이 더 높다. 같은 생지에 호두나 건과일을 넣은 작은 빵도 굽고 있으며 이 빵 역시 호평을 받고 있다.

'팽 드 코나'는 아침 7시에 문을 열기 때문에 갓 구운 빵을 조식용으로 판매할 수 있다. 이 점은 손님과 직원 모두에게 최고의 호사라고 다카하시 셰프는 생각한다.

바게트 나튀르

Boulangerie TENDREMENT
불랑주리 탕드르망

오너 와타나베 히로유키

**발효종을 60% 넣어 진한 감칠맛을 내고
맷돌 제분한 가루를 로스트하여 향을 만들어낸다**

Point

_발효종으로 감칠맛을 내고
로스트한 맷돌 제분 가루로
향을 낸다.
_제대로 구워 겉과 속이
확실하게 대조되는 식감을
만든다.

5종류의 바게트 가운데 발효종을 60% 배합한 특별한 바게트. 맛은 진하지만 향을 내기 어려운 제법의 단점을 로스트한 맷돌 제분 가루를 넣어 보완하였다. 하루 20개 한정으로 판매하는데 오전에 다 팔릴 정도로 인기 있다.

 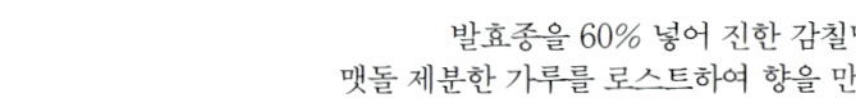

바게트 나튀르

배 합

발효종

클래식(닛폰제분) 53%

그리스트밀(로스트한 것, 닛폰제분) 7%

사프 인스턴트드라이이스트(레드) 0.1%

유로몰트 ▪ 0.2%

물 47%

본반죽

N나폴레옹(닛폰제분) 30%

그리스트밀(닛폰제분) 10%

사프 세미드라이이스트(레드) 0.2%

게랑드 소금 2.2%

물 25%

조정수 5%

> ▪ 유로몰트(Euromalt)는 계량하기 어렵기 때문에 몰트와 물을 같은 비율로 섞어 몰트 녹인 물을 만들어두면 편하다.

제 법

발효종

1. 준비	그리스트밀을 190℃의 오븐에 30분간 로스트해둔다.
2. 믹싱	저속 4분
	반죽 온도 25℃
3. 발효	온도 25℃에서 90분
	펀치 후 7℃의 냉장고에서 18시간

본반죽

1. 믹싱	저속 5분(3분간 돌린 후 소금과 조정수를 넣는다.)
	반죽 온도 22℃
2. 상온 발효	온도 28℃, 습도 75%에서 60분, 펀치, 60분
3. 분할	330g
4. 휴지	30분
5. 성형	길이 60cm
	클래식을 윗면에 뿌리고 이음매를 아래로 두어 캔버스 천에 나란히 놓는다.
6. 최종 발효	온도 28℃, 습도 75%에서 50분
7. 굽기	이음매를 위로 가게 하여 바게트 펠롱에 나란히 놓는다.
	스팀을 충분히 넣는다.
	255℃에서 오븐에 넣고 235℃로 온도를 내려서 23분

기 기

믹서 …… 켐퍼 스파이럴 믹서

오븐 …… 구시자와전기제작소 돌가마 오븐

향이 약하다는 단점을 가진 제법을 재료로 보완한다

와타나베 히로유키 오너는 '앞으로의 고객에게는 고를 수 있는 재미가 필요하다'고 생각했다. 그런 생각에서 탄생한 것이 '바게트 나튀르'다. 이 바게트의 가장 큰 특징은 발효종을 60% 배합하는 것이다. 깊은 맛을 가진 특별한 바게트를 목표로 하여 일반 바게트와 차별화를 두었다.

발효종을 사용하는 사전반죽법(Pâte Fermentée, 묵은지법)은 진한 맛을 만들어내는 제법이지만 향이 약해지는 것이 단점이라고 한다. 이러한 단점은 맷돌로 제분하여 로스트한 '그리스트밀'을 넣어 보완해준다. 190℃의 오븐에서 30분간 로스트하면 군밤이나 아몬드처럼 특유의 향이 나는데 이것으로 고소한 향을 만들어낸다. 다만, 너무 로스트하면 떫은맛이나 쓴맛이 나므로 주의해야 한다. 여러 배합률로 시험해본 결과 7%의 배합이 가장 좋은 향을 만들었다고 한다. 밀가루는 향이 좋은 일본산 밀 '클래식'을 베이스로 하며 볼륨을 내기 위해 'N나폴레옹'을 섞어서 부족한 단백질을 보충한다. 본반죽용인 '그리스트밀'은 맷돌로 제분한 밀가루 특유의 감칠맛을 더할 목적으로 넣는다.

이스트는 발효종과 본반죽에 다른 종류를 사용한다. 발효종에는 발효력을 높이고 생지 상태를 조절해주는 비타민 C가 들어간 인스턴트드라이이스트를 사용한다. 본반죽에는 생지의 신장성을 높이고 밀의 감칠맛을 끌어내는 세미드라이이스트를 사용한다.

발효가 과하게 진행되지 않도록 각 공정에 주의를 기울인다

발효종을 만드는 데 중요한 것은 믹싱 후 충분히 숙성(수화)시키는 것이다. 저속으로 4분간 믹싱한 후 발효를 활성화시키기 위해 25℃에서 90분, 그리고 펀치 후 7℃의 냉장고에서 18시간 장시간 숙성을 시킨다. 이렇게 하면 밀의 감칠맛과 향이 훨씬 증가한다.

본반죽에 들어가 처음에 믹싱할 때 넣는 조정수에 주의해야 한다. 한 번에 물을 다 넣지 않고 조정하면서 넣어야 생지가 매끄러워지고 탄력도 생긴다. 조정수는 레시피상 5%로 되어 있지만 밀 상태에 따라 넣는 양을 가감한다.

또 효모량이 많아 쉽게 발효가 진행되는 생지이기 때문에 너무 오래 믹싱하지 않도록 주의하고 반죽 온도를 낮게 설정한다. 기껏 만들어낸 풍미를 없애지 않도록 조심한다.

상온 발효를 120분간 하는데, 발효를 시작한 지 60분이 되었을 때 펀치를 한다. 이때도 발효가 과도하게 되지 않도록 주의한다. 와타나베 오너는 어디까지나 바게트는 요리에 곁들이는 서브적인 존재라고 생각한다. 발효를 너무 오래하면 강한 향과 신맛이 생겨 요리 맛을 해친다. 같은 이유로 펀치도 가볍게 한다.

성형은 가스를 완전히 빼지 않고 뭉치는 느낌으로 위에서 아래로 1번 접는다. 보기 좋게 만들고 어느 정도 향을 내기 위해 '클래식' 밀가루를 생지 윗면에 뿌리고 이음매를 아래로 둔 후 최종 발효를 시킨다.

자연스러운 바게트를 만들기 위한 특징 중 하나는 쿠프를 내지 않는 것이다. 이음매를 위로 향하게 두고 구워 생지가 자연스럽게 퍼지도록 한다. 굽기는 '씹을 때마다 맛이 증가하는 식감'을 만드는 중요한 공정이다. 포인트는 고온으로 제대로 구워 크러스트와 바게트 속의 식감이 확실히 대조되게 만드는 것이다. 쿠프 끝이 약간 탄 느낌이 나는 정도가 이상적으로 구워진 것이며, 바삭바삭한 크러스트와 촉촉한 바게트 속을 가진 바게트가 완성된다.

바게트 라 세종

Boulangerie LA SAISON
불랑주리 라 세종

오너 불랑제 사이조 유키

프랑스산 밀의 맛과 풍미를 추구하며
장시간 냉장 발효로 맛있게 구워낸다

⬤Point

_ 장시간 냉장 발효로 밀가루
맛과 감칠맛을 끌어낸다.
_ 제대로 구워서 고소한
크러스트를 매력 포인트로
만든다.

프랑스산 밀의 감칠맛과 단맛에 매력 포인트를 둔 풍부한 맛을 가진 바게트다. 요리나 와인에도 잘 어울리며 외국인에게도 인기 있다. 반죽 온도를 정확하게 관리하여 밀의 맛을 끌어낸다.

바게트 라 세종

배 합

레장데르(닛신제분) 70%

바게트 뫼니에 30%

소금 2.1%

사프 인스턴트드라이이스트 0.1%

물 66%

제 법

1. 믹싱
저속 2분
오토리즈 20분
↓ (소금, 이스트)
저속 5분
반죽 온도 24℃

2. 1차 발효
20분, 펀치, 20분, 펀치, 20분
5℃의 냉장고에서 18~22시간

3. 분할
200g

4. 휴지
반죽 온도가 22℃가 될 때까지 둔다.

5. 성형
길이 42cm

6. 최종 발효
온도 28~30℃, 습도 75%에서 50분~1시간

7. 굽기
밀가루를 뿌리고 쿠프를 7번 낸다.
오븐에 넣은 후 스팀을 1번 넣고 윗불 245℃, 아랫불 220℃에서 27분

기 기

믹서 …… 켐퍼 스파이럴 믹서

오븐 …… 본가드 평가마 오븐

밀이 가진 곡물의 감칠맛과 풍미가 매력 포인트

이번에 소개할 바게트는 가게 이름을 딴 '바게트 라 세종'이다. '라 세종'에는 르뱅종이나 듀럼밀을 사용한 바게트 등 총 4종류의 바게트가 있지만 '바게트 라 세종'은 그중에서도 사이조 유키 오너 불랑제가 감칠맛이 느껴져 가장 좋아한다는 바게트다. 그냥 먹어도 맛있고, 버터를 발라 먹어도 맛있다. 생선이나 고기 요리와 잘 어울리며 레드 와인, 화이트 와인과도 잘 맞는다. 어디에나 잘 어울리는 바게트로 외국인에게도 큰 호평을 얻고 있다.

사이조 불랑제는 '바게트 라 세종'으로 밀가루라는 곡물의 감칠맛을 표현하고 싶었다. 사용하는 밀가루는 프랑스산 밀가루 '바게트 뫼니에(Baguette meunier)'와 '레장데르'이다. '바게트 뫼니에'는 밀 고유의 맛이 느껴지며 감칠맛도 있다. 또 구웠을 때 나는 고소한 향도 매력이다. '바게트 뫼니에'를 30% 배합하고 '레장데르'를 70% 섞어서 사용한다. 이스트는 양이 너무 많으면 밀 맛이 느껴지지 않으므로 0.1%만 넣는다.

저속으로 2분간 믹서를 돌린 후 20분간 오토리즈를 하고 소금과 이스트를 넣어 다시 5분간 돌린다. 믹싱은 저속 총 7분으로 길지 않지만, 오토리즈를 하면 밀가루와 물이 수화하여 구워졌을 때 크러스트 등의 '겉모양'이 자리를 잡아간다고 한다.

60분간 상온 발효를 한 후 5℃의 냉장고에서 18~22시간 동안 발효시킨다. 이 장시간 냉장 발효가 밀가루 맛과 감칠맛을 끌어내는 중요한 포인트 중 하나다. 생지의 활성화를 위해 필요한 시간과 현재 작업상 문제를 감안하여 발효 시간을 18~22시간으로 잡았다. 지금까지의 경험으로는 40시간 정도까지 냉장고에 넣어두어도 품질에는 영향을 끼치지 않는다고 한다.

상온 발효 60분 사이에 20분마다 펀치를 약간 강하게 총 2번 한다. 효율적으로 반죽에 힘을 불어넣고, 동시에 생지를 냉장 발효에 견딜 수 있는 상태로 만들기 위해서이다.

생지 상태뿐만 아니라 온도도 확실하게 관리한다

분할을 시작하는 타이밍과 휴지를 끝내는 시간은 생지의 온도로 판단한다. 분할은 반죽 온도가 16℃가 되면 시작한다. 휴지는 시간을 재서 끝내지 않고 반죽 온도가 22℃가 될 때까지 놔둔다.

이 중요한 온도 관리는 제빵 기술을 배운 곳에서 터득했다고 한다. 지금까지의 경험으로 가장 좋은 온도는 16℃와 22℃라고 판단했다. 온도가 너무 낮으면 볼륨이 극단적으로 생기지 않으며 기포가 없는 느낌이 들고, 온도가 너무 높으면 발효가 지나치게 된다고 한다.

분할량은 200g으로 약간 적다. 양을 적게 한 이유는 사이즈를 작게 해서 한 번에 다 먹을 수 있도록 만들면 손님들이 매일 새로운 빵을 사갈 것이라는 생각에서다.

성형할 때는 생지 상태를 확인하면서 가스를 많이 빼지 않도록 한다.

최종 발효를 거쳐 굽기에 들어간다. 바게트의 매력인 '크러스트의 고소함'을 느끼려면 제대로 구워내는 것이 포인트다. 밀가루를 뿌리고 쿠프를 7번 내서 윗불 245℃, 아랫불 220℃에서 27분간 굽는다.

바게트 드 캄파뉴

Océan bleu

오세안 블루

오너 셰프 하시모토 다카히로

**바게트와 팽 드 캄파뉴,
두 가지 빵의 장점만 골라 만든 바게트**

Point

_맷돌로 제분한 밀가루가
배합된 소박한 맛
_직접 만든 효모와 모양에서
도드라지는 고소함과 식감

맷돌로 제분한 밀가루의 소박한 고소함이 느껴지는 팽 드 캄파뉴의 맛에, 바삭한 크러스트로 바게트임을 돋보이게 만들었다. 직접 만든 효모에서 나오는 향이 개성이 되어 가게의 인상을 더욱 좋게 만들어주고 있다.

 # 바게트 드 캄파뉴

배 합

클래식(닛폰제분) 80%

맷돌 제분 밀가루 BH-15(구마모토제분) 20%

사프 인스턴트드라이이스트(레드) 0.2%

몰트 엑기스 0.2%

나미 소금(천일염을 정제한 소금) 2.5%

물 70~72%

자가제 르뱅 ▪ 30%

> ▪ 통밀가루, 꿀, 물로 효모종을 만든 자가제 효모다.

제 법

1. 믹싱	저속 5분 그리고 중속 2분을 약간 초과하여 믹싱 반죽 온도 22℃
2. 1차 발효	실온(25℃ 기준)에서 40분 펀치 5℃의 냉장고에서 15~18시간
3. 분할	200g
4. 휴지	실온(25℃ 기준)에서 약 60분
5. 성형	길이 40cm
6. 최종 발효	실온 27℃, 습도 75%에서 약 60분
7. 굽기	윗불 250℃, 아랫불 230℃의 스팀 오븐에서 25분

기 기

믹서 …… 간토혼합기공업 버티컬 믹서

오븐 …… 본가드 일렉트론

일반 바게트가 흰쌀밥이라면
바게트 드 캄파뉴는 영양밥이다

오세안 블루는 '바게트 드 캄파뉴'뿐만 아니라 일반 배합으로 만든 바게트도 판매하고 있다. 이번에 소개할 '바게트 드 캄파뉴'는 맷돌로 제분한 밀가루의 향과 맛을 살린 바게트다. 하시모토 다카히로 셰프는 "팽 드 캄파뉴 맛에 바게트의 특색을 더해 두 가지의 장점을 합친 바게트"라고 설명한다.

10년 이상의 제빵강사 경력을 가진 하시모토 셰프는 수많은 빵 중에서도 특히 바게트 레시피는 심플하다고 생각한다. 그러므로 만드는 사람의 레시피에 따라 맛이 변하는 것이다.

일반 바게트가 흰쌀밥이라면 '바게트 드 캄파뉴'는 영양밥처럼 독특한 향이 느껴진다. 맛이 강한 식재료와 궁합이 좋은 점도 특징이자 장점. 리버 페이스트(Liver paste)나 파테 드 캄파뉴(Pâté de Campagne), 치즈 중에서는 블루치즈 등과 잘 어울린다.

겉은 씹는 맛이 좋고 속은 탄성이 강하지 않은, 하시모토 셰프가 생각하는 '바게트다움'을 목표로 만들었다. 크고 둥글게 만드는 팽 드 캄파뉴의 경우 껍질에 어느 정도 두께가 생기고 속이 부드럽고 쫄깃쫄깃해도 균형이 잡히지만, 바게트는 바삭하게 만들고 싶었다. 그래서 새로운 기술로 개발된 일본산 밀가루 '클래식'으로 씹는 맛을 돋보이게 만들었다.

직접 만든 효모로 개성을 만들고
작업성도 높인다

밀은 닛폰제분의 '클래식'과 구마모토제분의 맷돌 제분 밀가루 'BH-15'을 8:2 비율로 사용하여 소박한 곡물 본연의 맛을 표현했다.

효모는 직접 만든 르뱅과 르뱅을 보조하는 용도로 인스턴트드라이이스트를 병용한다. 르뱅은 통밀가루와 꿀을 베이스로 하며 강한 향과 신맛이 나는 타입이다. 독자성을 만들면서 위화감 없이 먹을 수 있도록 양을 조금 적게 하고 발효 시간을 길게 잡는다.

천연효모는 발효가 느리기 때문에 작업 시간을 조절하기 쉬우며 결과적으로 안정성이 높아진다는 점에서도 추천한다고 한다.

"적절한 관리는 필요하지만 반죽이 쉽게 부풀어 올라 빵을 만들기 쉽고, 고소하다. 뭐니 뭐니 해도 직접 만든 르뱅은 가게의 개성이 된다."

인스턴트드라이이스트는 예비 발효가 필요 없는 사프의 레드 라벨을 사용한다. 르뱅과 밀가루, 물, 몰트 엑기스, 소금을 한 번에 넣어서 믹싱한다.

반죽이 다 만들어지면 40분간 실온에서 휴지시킨 후 펀치를 하고 5℃의 냉장고에 15~18시간 넣어둔다. 그다음 분할을 하고 실온에서 약 60분간 휴지시킨다.

성형은 생지의 온도가 약 20℃가 된 상태에서 한다. 성형에 들어가는 타이밍은 생지의 굳기 정도로 판단하며 휴지로 조정한다.

20~25cm 길이의 사각형으로 늘린 생지를 끝에서부터 3~4번 접는다. 이음매를 잇고 이음매가 아래로 가도록 둔 후 한가운데에서 양 끝을 향해 가볍게 잡듯이 반죽을 접는다. 반죽 양 끝은 홀쭉하게, 한가운데는 두껍게 만든다. 이 모양으로 만들면 하나의 바게트에서 폭신폭신함, 씹는 맛이 있는 바삭바삭함 등 다양한 식감을 즐길 수 있다.

바게트 속을 보면 반투명으로 호화하여 커다란 구멍이 균일하게 생겨 있다. 하시모토 셰프가 애용하는 프랑스 본가 드사의 오븐인 일렉트론은 두꺼운 혼유석이 열을 유지시켜서 생지를 넣을 때도 온도가 급격하게 내려가지 않는다. 안정된 열이 생지에 빠르게 퍼지면 입에서 사르르 녹는 바게트 속이 만들어진다고 한다.

레트로 바게트

pointage
포앙타지

**밀가루와 건포도종으로 감칠맛을 낸 반죽은
국물요리와 최상의 궁합을 자랑한다**

ⓟoint

_ 직접 만든 건포도액종과
궁합이 좋은 밀가루를
배합한다.
_ 캄파뉴에 가까우며
감칠맛이 있다.

껍질이 두껍고 기포가 많지 않은 옛날 방식 그대로의 바게트다. 직접 만든 건포도액종을 사용하여 오버나이트 제법으로 만들었다. 회분량이 높은 밀가루를 섞어서 건포도의 단맛이 드러나지 않도록 맛의 밸런스를 조절했다.

레트로 바게트

배 합

리스도르(닛신제분) 80%

클래식(닛폰제분) 12%

그리스트밀(닛폰제분) 4%

독일산 호밀가루(닛신제분) 4%

건포도액종 ▪ 5%

게랑드 소금 2%

유로몰트(물을 배량으로 넣어 녹인 것) 0.4%

물 60%

> **▪ 건포도액종**
> 미네랄워터 8ℓ, 건포도 6900g, 건포도 중량 대비 몰트 0.2%, 꿀 적당량을 섞어 일주일 정도 재워서 만든다.

제 법

1. 믹싱   1단 3분, 2단 4분
                  반죽 온도 20℃ 전후
2. 1차 발효   21~22℃에서 16~18시간
3. 분할   250g
4. 휴지   30분 내외
5. 성형   길이 42cm
6. 최종 발효   온도 26℃, 습도 80%에서 60분
7. 굽기   쿠프를 4번 낸다.
                  스팀을 넣고 윗불 250℃, 아랫불 220℃에서 25분

기 기

믹서 …… SK믹서 도우 후크

오븐 …… 미베 평가마

회분량이 높은 밀가루로 건포도액종에서 나오는 단맛을 조절한다

'포앙타지'는 베이커리&레스토랑으로 형 나카가와 세이메이 씨는 빵을, 동생 나카가와 에이지 씨는 요리를 담당하고 있다. 빵과 케이크, 가니시를 구매할 수 있고 레스토랑에서는 제대로 된 디너와 술도 즐길 수 있는 인기 만점의 가게다.

'포앙타지'에서는 4종류의 바게트를 제공하는데 그중 껍질이 두껍고 탄력 있는 식감을 가진 '레트로 바게트'가 가장 씹는 맛이 있다. 가게에서 판매하는 라타투이(Ratatouille) 등 끓인 요리와 궁합이 잘 맞는다고 한다. 맨 처음 개발한 '트래디셔널 바게트'는 이스트로 발효시키는 데 반해 '레트로 바게트'는 캄파뉴에 가깝다. 레트로 바게트에는 감칠맛을 내기 위해 직접 만든 건포도액종을 사용한다.

건포도액종은 기름으로 코팅하지 않은 건포도, 몰트, 꿀을 미네랄워터와 섞은 다음 기포가 떠오를 때까지 일주일 정도 재워 만든다. 건포도의 단맛이 겉에 직접적으로 나오기 때문에 '리스도르' 하나만 사용하면 단맛이 강해진다. 따라서 회분량이 높은 '클래식'을 12%, 맷돌 제분한 '그리스트밀'을 4%, 독일산 호밀가루를 4% 섞어 맛의 균형을 잡았다. "천연효모이기 때문에 매일 맛에 약간의 차이가 있는데, 이것이 바로 재미있는 점이다. 발효 상태를 판단하는 것에 익숙해지면 건포도액종은 대충 만들어도 맛있게 완성되는 다루기 쉬운 천연효모"라고 나카가와 세이메이 씨는 말한다.

발효를 언제 끝낼지 판단하는 것이 바게트의 완성을 결정하는 요소

올인원제법으로 볼에 4종류의 밀가루, 소금, 유로몰트, 건포도액종, 물을 넣고 1단으로 3분, 2단으로 4분간 믹싱한다. 이때 반죽 온도는 계절에 따라 달라지지만 기본적으로 20℃ 전후다. 건포도액종은 양이 적기 때문에 이후 1차 발효는 16~18시간으로 충분히 시간을 들인다. 액종을 늘리면 발효 시간도 짧아지지만 너무 달아지므로 지금의 양이 가장 적당하다. 또 시간을 들이면 깊은 맛이 생긴다.

생지가 만들어졌을 때에 비해 2배로 부풀면 발효가 끝났다는 신호다. 발효 상태 판단은 바게트의 완성을 좌우하는 중요한 포인트다. 나카가와 셰프도 레시피를 완성시킬 때까지 시행착오를 겪었다고 한다. "중요한 것은 바게트가 구워졌을 때를 상상하는 것이다. 가벼운 바게트를 만들고 싶다면 조금 더 발효시키고, 입자가 견고한 바게트를 만들고 싶다면 발효를 조금 일찍 끝내는 것이 좋다"라고 조언한다.

다음으로 생지를 250g으로 분할하여 살짝 뭉쳐놓는다. 30분 전후로 휴지시키고 길이 42cm로 성형한다. 생지가 손상되지 않도록 최소한만 만지며 조심스럽게 만다. 다만 액종의 양이 적기 때문에 볼륨을 내기 위해 마지막은 약간 꽉 고정시키는 것이 요령이다.

온도 26℃, 습도 80%의 발효실에서 1시간 동안 최종 발효를 시킨 후 쿠프를 낸다. 강한 생지가 아니기 때문에 얇은 껍질 1장 정도에 얇게 넣듯 쿠프를 낸다. 스팀을 2번 넣은 후 윗불 250℃, 아랫불 220℃에서 25분 정도 굽는다. 당분이 높은 생지이므로 아랫불을 약간 약하게 하여 타는 것을 방지한다. 다 구워지면 바로 바게트팬에 꺼낸다.

4종류의 바게트는 각각 효모나 밀가루를 다르게 넣어 개성이 있다. 각각의 바게트에 모두 팬이 있으며 하루 평균 20개씩 팔린다고 한다.

바게트

nemo Bakery&Café
네모 베이커리&카페

셰프 네모토 다카유키

고소한 크러스트와 부드러운 바게트 속을 만들 수 있도록
연구하여 완성도를 높인다

❶Point

_약간 짠맛이 강한 소금을
사용해 아무것도 바르지
않고 먹을 수 있는
크러스트를 만든다.
_고온으로 단시간에 구워
입에서 녹는 느낌이 좋은
바게트 속을 만든다.

밀가루, 효모, 소금, 물만 사용해 만든 바게트. 간단한
재료지만 '고소하고 깊은 맛이 나는 크러스트', '입에서 사르르 녹는 바게트
속', '먹기 편함'이라는 요소를 만족시키기 위해 적절한 밀가루를 고르고, 천
연효모를 개발하고, 굽는 방법을 강구하여 호평을 받고 있다.

바게트

배 합

HS-1(세코제분) 100%

르뱅 리퀴드▪ 40%

사프 인스턴트드라이이스트 0.1%

몽골산 돌소금 2.6%

유로몰트 0.2%

물 62%

> ▪ 르뱅 리퀴드는 '리스도르'와 물을 같은 비율로 자가배양한 것이다.

제 법

1. 전처리	르뱅 리퀴드와 인스턴트드라이이스트를 섞고, 준비한 물의 1/2을 넣어서 녹여둔다. 따로 나머지 물에 소금도 녹여둔다.
2. 믹싱	1을 포함한 모든 재료를 섞어서 저속 4분 반죽 온도 22℃
3. 상온 발효	실온(30℃ 기준)에서 60분, 펀치, 60분
4. 분할	350g으로 분할하여 원통형으로 뭉친다.
5. 휴지	실온(30℃ 기준)에서 30~40분
6. 성형	길이 약 50cm
7. 최종 발효	온도 28℃, 습도 70%에서 30~40분
8. 굽기	쿠프를 6번 낸다. 스팀을 넣고 윗불 250℃, 아랫불 260℃에서 23분

기 기

믹서 …… SK믹서 버티컬 믹서

오븐 …… 고토부키베이킹머신 전기오븐

고소함과 식감을 즐길 수 있는 정통 프랑스빵

"요즘 일본에서 판매되는 바게트는 옛날 정통 프랑스 바게트에 점점 가까워지는 것 같다. 예전에는 바게트 속에 큰 구멍이 많거나 딱딱한 크러스트는 만들 수 없었다." 요리 장인을 동경하여 15세에 제빵업계에 입문한 네모토 다카유키 셰프는 옛 생각을 하며 이렇게 이야기한다.

옛날에는 정통 프랑스빵 가게가 없었을 뿐더러 셰프 자신도 프랑스빵을 좋아하지 않았다고 한다. '그저 딱딱하기만 한 빵'이었던 프랑스빵의 이미지가 제빵업계에 입문한 이후로는 '고소함과 식감을 즐길 수 있는 빵'으로 바뀌었다. 일본 빵 문화는 손님이 만들어나가는 것이라 생각하는 네모토 셰프. 프랑스에서 먹던 맛과 똑같다며 맛있다고 말해주는 손님, 입소문만 듣고 찾아온 외국인 손님이 있어 기쁜 나날을 보내고 있다고 한다.

밀가루는 세코제분의 'HS-1'을 사용한다. 통보리 하나를 사용하더라도 빻는 방법에 따라 바게트의 상태와 맛이 달라진다. 13종류의 밀가루를 사용해본 결과 이 'HS-1' 밀가루 하나만 쓰기로 결정했다.

효모는 직접 만든 르뱅 리퀴드와 인스턴트드라이이스트를 병용한다. 천연효모만 사용하면 크러스트가 두껍고 딱딱해지기 때문에 이스트를 넣어 가볍고 먹기 좋게 만든다. 밀가루의 맛을 직접적으로 느끼게 해주는 르뱅 리퀴드는 '리스도르' 밀가루와 같은 비율의 물을 섞어 만든 것이다. 냉장고에 보관하고, 재료를 준비하기 1시간 전에 상온에 두었다가 사용한다. 겨울철에는 전날 꺼내 16시간 정도 두거나 중탕하여 사용한다.

소금은 몽골산 소금을 사용한다. 굳기 쉬워 사용하기 어렵지만 감칠맛이 좋다. 소금은 2.6%로 약간 많이 사용하여 '아무것도 바르지 않고 음미하여 맛보는' 바게트를 만들고자 했다. 단시간에 재료를 모두 섞기 위해 전처리로 르뱅 리퀴드와 이스트와 물의 1/2 분량, 다른 용기에 소금과 나머지 물을 각각 미리 녹여둔다.

쿠프의 수는 발효 상태에 맞게 조절한다

모든 재료를 넣어 믹싱한다. 네모토 셰프는 여기에서 특히 집중해야 한다고 말한다. 믹싱은 너무 짧게 하면 생지가 균일하게 섞이지 않고, 너무 길게 하면 생지의 탄성이 줄기 때문이다. 시간은 어디까지나 기준일 뿐이다. 반죽할 때의 소리나 색으로 판단하는 '프로의 감'이 필요하다.

펀치를 하기 전과 후에 실온에서 60분씩 상온 발효를 한다. 그 후 성형을 하고 온도 28℃, 습도 70%의 발효실에서 최종 발효를 한다.

쿠프는 6번 내는데 발효 상태에 따라 쿠프 수를 가감하기도 한다. "아랫불을 약간 높게 설정하여 바게트 속을 증기로 쪄낸 것 같은 상태로 만든다. 발효가 충분히 되었을 때는 쿠프를 늘려서 반죽이 부풀어 오르는 것을 돕는다. 바게트에서 가장 맛있고 먹기 편한 부분이 바로 쿠프이다."

바게트는 크러스트를 맛보는 빵이라고 셰프는 말한다. 손님들도 바게트의 크기보다는 색을 보고 고르는 경향이 있다고 한다.

"크루아상처럼 유지 함량이 높은 빵과 비교했을 때 바게트는 색으로 구워진 상태를 판단하기 어렵다. 제대로 익었는지 표면의 색만으로는 알 수 없다."

찌듯이 구워진 바게트 속은 호화하여 광택이 나고 입안에서 살살 녹는다. 먹기 부드러운 빵이라고 해도, 입안에서 녹는 느낌이 좋은 것과 입안에서 경단 모양이 되는 것으로 나뉘는데 바삭한 크러스트에 어울리는 바게트 속은 살포시 녹는 것이다.

장마철에는 불의 온도를 더 높여 생지 속의 수분을 줄이고, 판매되는 상황을 살피며 만들어낸다. 이러한 조절로 단골손님들이 언제나 '평소와 같은 맛'을 느낄 수 있도록 배려하고 있다.

바게트

バンの小屋

팡노고야

대표 이사 사나다 마사오

'바삭, 촉촉, 폭신' 3단계 식감을 즐길 수 있다

_르뱅 리퀴드로 감칠맛이
있고 노화 속도가 느린
생지로 만든다.
_필요한 가스는 남겨서
상상한 대로 식감을 만든다.

효고현 교외의 가족층이 많은 주택가에 위치한 팡노고야. 먹기 좋고 친숙한 바게트를 콘셉트로 만들고 있다. 르뱅 리퀴드를 사용하여 제대로 숙성시켜 상상해온 식감을 실현시켰다.

바게트

배 합

리스도르(닛신제분) 50%

테루아(닛신제분) 50%

게랑드 소금 2%

인스턴트 드라이이스트 0.4%

몰트 0.3%

물 53%

르뱅 리퀴드 ▪ 20%

> ▪ 르뱅 리퀴드 만드는 법
> 1. 천연효모 발효기에 호밀 300g, 몰트 10g, 물 600g을 넣어 27℃에서 24시간 발효시킨다.
> 2. 천연효모 발효기에 1의 전종(前種) 1100g, 밀가루 1100g, 물 1100g을 넣어 27℃에서 24시간 발효시킨다.
> 3. 천연효모 발효기에 2의 전종 3300g, 밀가루 3300g, 물 3300g을 넣어 27℃에서 24시간 발효시킨다.
> 4. 천연효모 발효기에 3의 전종 9900g, 밀가루 9900g, 물 9900g을 넣어 27℃에서 12시간 발효시켜 사용한다.
> 5. 양이 줄어들면 4의 원종과 밀가루, 물을 1:1:1 비율로 배양한 것을 더 넣어서 사용한다.

제 법

1. 믹싱   밀가루와 물을 섞어서 저속 2분
오토리즈 30분
↓ (르뱅 리퀴드, 몰트, 소금, 이스트)
저속 5분, 중속 2분
반죽 온도 23~24℃

2. 1차 발효   28℃, 습도 75%에서 1시간
펀치
28℃, 습도 75%에서 2시간

3. 분할   320g

4. 휴지   40분

5. 성형   길이 65cm

6. 최종 발효   28℃의 건발효실에서 70분

7. 굽기   쿠프를 7번 낸다.
윗불 240℃, 아랫불 220℃에서 10분
윗불 230℃, 아랫불 250℃에서 30분

기 기

믹서 …… 간토혼합기공업 버티컬 믹서
오븐 …… 고토부키베이킹머신 전기오븐

크러스트와 바게트 속의 조화로운 식감을 고려했다

'팡노고야는 파슬파슬한 얇은 크러스트와 부드럽고 폭신 폭신한 속을 가진 바게트를 만들고자 한다. 사나다 마사오 셰프는 '먹으면 입안에서 바삭함, 부드러움, 촉촉함이 차 례로 느껴지며 3층으로 포개진 느낌'이라고 바게트를 설 명한다. '팡노고야가 가족이 많이 살고 있는 주택가에 있 다는 점을 고려하여 누구나 먹기 좋고 찾기 쉬운 바게트를 목표로 하고 있다. 크러스트를 얇게, 바게트 속을 폭신폭 신하게 만든 것도 누구나 먹기 좋게 하려는 배려이다.

제법의 특징으로 르뱅 리퀴드를 사용한다는 점을 들 수 있 다. 미리 천연효모 발효기에 숙성시켜 둔 르뱅 리퀴드를 넣으면 풍미가 증가하고, 씹을 때마다 감칠맛이 넘쳐나는 생지가 된다. 또 노화를 늦추는 효과도 볼 수 있다. 수화시 키는 것도 하나의 포인트다. 밀가루 속까지 물을 제대로 흡수시켜 밀가루의 단맛을 끌어낸다. 밀가루는 단맛이 있 고 고소함이 더해진 닛신제분의 '리스도르'에 풍미를 더해 줄 '테루아'를 같은 비율로 넣어 사용한다. 소금은 게랑드 소금을 사용한다. 사나다 셰프는 '물고기에 해염이 어울리 는 것처럼 프랑스산 밀가루에는 프랑스산 소금이 어울린 다'고 생각한다.

바게트 만들기에서 프로 제빵사의 자세가 나온다

먼저 가루와 물만 넣고 저속으로 2분 믹싱한다. 반죽에 응 어리가 생기지 않을 정도로 섞었으면 천천히 수화시킬 목 적으로 30분간 오토리즈를 한다. 다른 재료를 넣고 저속 으로 5분, 중속으로 2분간 믹싱한다. 열 때문에 향이 날아 가므로 여기서는 생지를 만들기보다 섞는 느낌으로 믹싱 한다.

온도 28℃, 습도 75%에서 1시간 동안 1차 발효를 한다. 이어서 펀치를 하여 크기가 큰 가스를 빼고 온도 28℃, 습 도 75%에서 2시간 발효시킨다. 이 발효는 생지를 천천히 이어주는 느낌이다. 이 과정에서의 수화는 부드럽고 쫄깃 쫄깃한 식감에, 충분한 숙성은 폭신폭신한 식감에 큰 영향

을 준다. 분할 후 40분간 휴지시킨다. 이때 시간을 들이지 않으면 구울 때 갈라지거나 쿠프가 예쁘게 터지지 않는다. 성형을 거쳐 건발효실에서 70분간 최종 발효를 한다. '팡 노고야에서는 바게트 천을 덮은 후 바게트 전용 건발효실 에 넣어 상온에서 최종 발효를 한다. 나무가 남은 습기를 흡수하면서 나무의 속에 있는 수분이 생지에 적당한 습도 를 준다. 습기를 너무 넣으면 생지가 느슨해지고 씹는 맛 이 나빠지는데, 다른 빵에 맞춘 습도를 바게트 생지에 적 용하기엔 너무 높으므로 함께 발효시킬 수 없어 전용 발효 실을 들여놓았다고 한다.

구울 때는 아랫불 온도를 서서히 올린다. 처음부터 아랫불 을 고온으로 설정하면 바게트가 말려 올라가기 때문이다. 다 구워진 바게트는 쿠프가 예쁘게 터져 있다. 쿠프가 예 쁘게 터진 부분이 노릇노릇하게 구워진 것이 이상적이라 고 한다. 또 구운 후 반으로 자르면 크러스트와 바게트 속 사이에 미세한 기포가 있는 것을 알 수 있다. 이것은 숙성 과 굽기가 성공했다는 증거로, 크러스트를 누르면 코를 찌 르는 듯한 향이 감돈다.

사나다 셰프가 가장 중요하다고 여기는 제법의 포인트는 항상 가스를 상상하면서 생지를 다루는 점이다. 생지 속에 있는 크고 작은 가스를 제대로 파악하여, 필요 없는 가스 는 빼고 필요한 가스는 빠지지 않도록 한다. 그러면 상상 한 대로의 식감을 만들 수 있다. "심플하기에 프로의 자세 가 나오는 빵이다. 빵을 만드는 데 들인 노력이 손님들의 신뢰로 이어진다"라고 셰프는 말한다.

오가닉 바게트 오르뱅

BOULANGERIE ÇAÇA
불랑주리 사사

오너 셰프 사사지마 히로유키

**이바라키산 밀로 독자성을,
직접 만든 효모로 은은한 산미를 더했다**

ⓟPoint

_독창성을 만들어내기 위한
밀가루를 고른다.
_반죽은 세게 만지지 않고
자연스럽게 생긴 탄력을
최대한 활용한다.

사사지마 히로유키 오너 셰프의 출생지인 이바라키
산 밀가루와 북미산 유기농 밀가루로 만든 진한 맛의 바게트다. 사과껍질과
건포도로 만든 르뱅종을 사용하여 씹었을 때 코끝에서 느껴지는 은은한 산
미도 매력적이다.

오가닉 바게트 오 르뱅

배 합

오가닉 밀가루(무소상사) 80%

이바라키산 농림61호 20%

인스턴트드라이이스트 0.1%

게랑드 소금 1.8%

몰트 1%

물 70%

르뱅종▪ 10%

> **▪ 르뱅종 만드는 법**
>
> 1. 사과껍질 4개 분량, 건포도 300g, 물 2.5ℓ를 섞고 일주일간 두어 액종을 만든다.
>
> 2. 이바라키산 통밀가루 100%, 소금 2%, 1의 액종 60%를 저속으로 3분, 중속으로 1분간 믹싱한 후 17시간 정도 두어 초종(初種)을 만든다.
>
> 3. 이바라키산 밀가루 100%, 소금 2%, 2의 초종 80%를 2와 같은 방법으로 믹싱하여 8~12시간 동안 재운다. 냉장보관하고 사용하기 30분 전에 실온에 꺼내둔다.

제 법

1. 믹싱 　　저속 1분
   반죽 온도 23~24℃(겨울철에는 28℃)
2. 저온 발효 　　온도 15~16℃(겨울철에는 17~18℃), 습도 75%에서 12시간 이상
3. 분할 　　300g
4. 휴지 　　실온(24℃ 기준)에서 20~30분
5. 성형 　　길이 44cm
6. 최종 발효 　　온도 25℃, 습도 75%에서 1시간 30분
7. 굽기 　　쿠프를 7번 낸다.
   오븐에 넣기 전과 후에 스팀을 넣고 윗불 210℃, 아랫불 210℃에서 35분

기 기

믹서 …… 아이코제작소 버티컬 믹서

오븐 …… 만츠 컨벡션 오븐

이바라키산 밀가루와 직접 만든 효모로
다른 곳에선 맛볼 수 없는 빵을 만든다

'불랑주리 사샤'에서 만드는 모든 빵에는 사사지마 히로유키 오너 셰프가 태어난 이바라키의 밀가루를 사용한다. 이 곳에서만 맛볼 수 있는 독자성을 가진 빵을 만들고 싶다는 생각에서다.

가게를 오픈할 때 이곳만의 독창성이 있었으면 했다. 특별한 제법을 알고 있는 것도 아니고, 기술적으로도 어려웠다. 그래서 고향에서 생산하는 밀가루나 채소 등을 사용하여 개성을 만들어내자고 생각했다.

반죽에 사용하는 이바라키산 밀가루는 본가의 옆 동네인 히타치오미야시의 농가에서 농약을 줄여 재배한 '이바라키산 농림61호'다. 제분은 직접 제분하는 제면소에 맡긴다고 한다.

이바라키 식재료를 사용하는 데에는 독창성을 만들려는 목적뿐만 아니라, 쇠퇴하고 있는 일본 농업을 응원하고 싶은 마음과 지방과 도쿄를 이어주는 다리가 되었으면 하는 바람이 포함되어 있다.

이번에 소개하는 바게트는 이 이바라키산 밀가루 사용을 원점으로 하여 배합과 제법을 생각한 것이다.

밀가루는 한 종류만 사용하면 단백질 양이 적기 때문에 믹싱을 확실히 해야 하는데 그렇게 되면 밀가루 고유의 맛이 사라진다. 그래서 농약을 적게 사용하여 재배한 밀가루와 북미산 오가닉 밀가루를 선택하여 필요한 단백질 양을 확보할 수 있는 배합을 생각했다.

밀가루와 함께 재료에서 포인트를 준 것이 르뱅종이다. 고소하면서 은은한 산미를 내고 싶어 사과껍질과 건포도로 만든 효모를 사용한다.

밀의 단맛을 끌어낼 목적으로 장시간 발효를 하는 것은 제법상 특징 중 하나이다. 이때 저온에서 발효하기 때문에 르뱅종을 돕는 역할로 이스트 0.1%를 함께 넣는다.

소금은 짠맛이 적은 게랑드 소금을 선택했다. 처음에는 프랑스 바게트를 참고하여 2%로 배합했던 것을 약간 짜다고 느껴 현재 1.8%로 바꿨다.

물도 미네랄 성분이 다량 함유된 경수를 사용했지만 밀가루의 회분이 높아 맛이 진해져서 연수로 바꿨다고 한다.

최소한의 힘으로 반죽하여 반죽이 갖고 있는
자연스러운 힘을 활용한다

사사지마 히로유키 셰프가 바게트를 만들 때 중요하게 여기는 점은 생지 자체가 만들어내는 자연스러운 힘을 최대한 활용하는 것이다. 생지를 세게 만지지 않도록 주의하고 펀치도 하지 않는 게 특징이다.

믹싱도 저속에서 1분으로 매우 짧다. 힘이 강한 버티컬 믹서를 사용한다는 이유도 있지만, 믹싱을 너무 많이 하면 밀의 맛과 생지의 연결을 해친다고 생각하기 때문이다. 믹싱이 아닌 발효하는 과정에서 글루텐을 만드는 것을 중요시한다. 반죽 온도는 르뱅종이 활동하는 온도를 지키며 계절에 따라 조절한다.

앞에서 이야기한 바와 같이 믹싱한 후에는 저온에서 장시간 발효시켜 단맛을 이끌어낸다. 단, 너무 오래 발효시키면 알코올 냄새 등 다른 향이 생기므로 주의가 필요하다.

분할한 후 자연스럽게 늘어난 생지를 원통형으로 뭉치고 가능한 힘을 주지 않고 접는다는 느낌으로 성형한다. 포인트는 마지막에 반죽을 늘릴 때 가장 바깥쪽에 탄력을 만들어내는 것이다.

온도를 25℃로 약간 낮게 설정하고 가능한 시간을 들여 1시간 30분 동안 최종 발효를 한 후 굽기 공정에 들어간다. 굽기에 의해 생기는 향은 바게트 맛을 만드는 결정적인 요소라고 한다. 210℃에서 35분간 제대로 구워 고소한 향이 매력인 바게트를 완성한다.

바게트

La Bonton
라 봉통

점주 오제키 마사토

**들쑥날쑥한 기포 크기가 특징인
씹는 맛을 중요시한 바게트**

ⓟoint

_오토리즈를 길게 해서
　수화를 시킨다.
_오버나이트로 발효시킨
　생지를 부풀린다.

'라 봉통'에서 판매하는 바게트는 주말이나 공휴일에 70개를 완판할 정도로 인기가 많다. 식사용이나 샌드위치용으로도 잘 어울리도록 고려하여 만들었다. 고령의 손님도 많이 사 갈 정도로 다양한 연령층에게 인기 있다.

바게트

배 합

테루아(닛신제분) 50%

슈발리에(닛토후지제분) 50%

생이스트 0.4%

게랑드 소금 2.2%

유로몰트 0.3%

물 73%

르뱅 리퀴드 ▪ 20%

> ▪ 르뱅 리퀴드
> 통밀가루와 물을 같은 비율로 섞어서 24시간 재워 발효시킨 다음, 몰트나 꿀 등을 넣어 액종을 만든다. 이 액종을 베이스로 하여 프랑스빵 전용 밀가루와 그의 3배가 조금 안 되는 물을 넣어 종계 작업을 한 것.

제 법

1. 믹싱
밀가루와 물 68%를 넣어서 저속으로 5~6분
오토리즈 6시간 전후(만 하루)
↓ (몰트, 생이스트, 르뱅 리퀴드)
저속 3~4분
↓ (소금, 물 5%)
중속 12분
반죽 온도 22~23℃

2. 상온 발효
24~25℃의 실온에서 1시간

3. 분할
300g

4. 냉장 발효
4℃의 냉장고에 13시간 이상

5. 휴지
1시간

6. 성형
길이 45cm

7. 최종 발효
도우컨디셔너에 70~80분간 넣는다.

8. 굽기
쿠프를 5번 낸다.
윗불, 아랫불 250℃에서 30분

기 기

믹서 …… SK믹서 버티컬 믹서

오븐 …… 미베 전기오븐

르뱅 리퀴드로 풍미를 좋게 만들어 맛에 변화를 준다

'라 봉통'에서는 휴일 아침 7시에 바게트 25개를 구우면 10시 30분에는 품절된다. 이후 3~4번에 나눠서 총 70개를 굽지만 영업을 종료하기 전 완판될 정도로 크나큰 인기를 자랑하고 있다. 이 바게트를 만드는 사람은 오제키 마사토 셰프. 그는 일본인이 좋아하는 맛과 식감의 바게트를 구현하고자 했다.

바게트 속은 기포의 크기가 들쑥날쑥하고 거칠며 탄력이 있는 식감이다. 또 크러스트는 바삭하고 고소하다. 전체적으로 씹는 맛이 좋은 바게트를 만들고 있다.

밀가루는 닛신제분의 '테루아'와 닛토후지제분의 '슈발리에(Chevalier)'를 50%씩 사용한다. '테루아'는 프랑스산 밀가루라는 점에서 본고장의 맛을 내기 위해 사용하며, '슈발리에'는 맛이 좋아서 선택했다고 한다.

소금은 2.2%로 비교적 많이 사용하는데, 이는 짠맛을 내서 와인이나 치즈와 어울리도록 고안한 것이다. 샌드위치 빵으로도 잘 어울린다고 한다.

배합에서의 가장 큰 특징은 르뱅 리퀴드를 20% 배합하는 것이다. 바게트뿐만 아니라 다른 빵에도 르뱅 리퀴드를 사용하며, 통밀가루와 물 등으로 만든 원종에 프랑스빵 전용 밀가루와 물을 넣어 종계를 한 것이다. 생이스트만으로 발효시킨 빵에서는 낼 수 없는 풍미를 르뱅 리퀴드로 만들어 낸다.

오토리즈를 해서 믹싱 시간을 단축한다

믹싱에서는 장시간으로 오토리즈를 한 후 본반죽에 들어가는 것이 가장 큰 포인트이다. 먼저 밀가루와 물 68%를 믹서에 넣어 저속으로 5~6분 돌린다. 그다음 용기에 옮긴 후 3℃의 냉장고에 넣어 6시간 전후로 오토리즈를 한다. 그리고 몰트, 생이스트, 르뱅 리퀴드를 넣어 저속으로 3~4분 돌리고, 거기에 소금과 물 5%를 넣어 중속으로 12분 돌린다. 오토리즈를 하면 흡수율이 높아지며 수화가 진행된다. 동시에 믹싱 시간이 단축된다고 한다. 또 오토리즈 후에 물 5%를 넣어 믹싱을 하면 경도가 적당한 생지가 만들어진다고 한다.

이후 생지를 휴지시키기 위해 1시간 상온 발효를 하고 300g씩 분할한 다음 오버나이트로 발효에 들어간다.

하나 더 중요한 것이 냉장 발효다. 흡수량이 73% 전후로 많은 만큼, 4℃의 저온에서 13시간 동안 천천히 발효시킨다. 저온에서 장시간 발효시키면 생지가 최대한 부풀어 오른다고 한다.

이 방법으로 굽는 것은 아침에 판매하는 바게트 25개에만 해당한다. 그 이후에 굽는 바게트는 따로 준비한다. 기본적으로는 같은 공정이지만 2차 발효에서 공정이 다르며, 펀치를 하면서 좀 더 단시간에 생지를 만든다.

휴지시킨 후 성형에 들어간다. 앞쪽에서 1/3, 반대쪽에서 1/3을 접고 겉면의 가스를 빼면서 45cm 길이로 늘린다.

그리고 생지에 부담을 주지 않도록 25℃로 설정한 도우 컨디셔너에 넣어 70~80분간 최종 발효를 시킨다.

굽기 전에 쿠프를 5번 내는데 생지가 강할 때는 쿠프를 4번만 내서 쿠프 수를 적게 한다. 이것은 구워졌을 때 쿠프가 볼록 솟아오르게 만들기 위해서이다.

윗불, 아랫불 250℃에서 30분간 굽는다. 흡수량이 많으므로 고온에서 약간 오랜 시간 구우면 가장 좋은 상태로 구워진다.

바게트 마지시엔

BAGUETTE MAGICIENNE

바게트 마지시엔

오너 셰프 가토 히로키

6종류의 밀가루를 사용하고 상온에서 장시간 발효시킨
깊이 있는 맛의 바게트

Point

_ 6종류의 밀가루를 넣어
오리지널 바게트 맛을 만든다.
_ 상온에서 장시간 발효시키는
'풀리시법'을 사용했다.

가토 히로키 오너 셰프는 "레시피가 간단하기 때문에 기술이나 역량이 요구되며, 이는 바게트 만들기에 집중하게 만든다"며 가게 이름에 '바게트'를 붙였다. 가게 이름만 보고 기대하여 찾아온 손님들이 이제는 단골이 되었다. 많을 때는 하루 60개 정도 팔리는 바게트는 이 가게의 인기 상품.

바게트 마지시엔

배 합

풀리시 반죽	본반죽
바게트 뫼니에(퍼시픽양행) 10%	리스도르(닛신제분) 40%
라 트래디션 프란세즈(오쿠모토제분) 10%	바게트 뫼니에(퍼시픽양행) 10%
TYPE ER(에베쓰제분) 10%	조슈치코나(호시노물산) 10%
사프 인스턴트드라이이스트 0.1%	F(쇼와산업) 10%
게랑드 소금 0.2%	물 41%
물 30%	유로몰트 0.3%
	게랑드 소금 1.6%
	드라이이스트 0.3%

제 법

1. 풀리시 반죽 만들기 — 같은 양의 밀가루와 물을 넣어 손으로 섞은 후 이스트와 소금을 넣어서 하룻밤 둔다.

2. 본반죽 만들기 — 생지 재료(소금, 이스트를 제외하고)를 아이코제작소의 버티컬 믹서 1단으로 2분간 돌린다.
반죽 온도는 여름, 겨울에 상관없이 20℃ 정도.
그 후 이중으로 비닐에 싸서 냉장해둔다.
사용하기 18시간 전에 비닐에 싸놓은 채로 상온(25℃ 기준)에 꺼내둔다.

3. 믹싱 — 1과 2, 소금을 합쳐서 저속 5분, 오토리즈 10분
↓ (이스트)
저속 5분
반죽 온도 여름은 22℃, 겨울은 24℃

4. 상온 발효 — 상온(25℃ 기준)에서 1시간, 펀치, 30분

5. 분할 — 350g

6. 휴지 — 실온(25℃ 기준)에서 30분

7. 성형 — 길이 65cm

8. 최종 발효 — 온도 27℃, 습도 75%에서 50~100분

9. 굽기 — 쿠프를 7번 낸다.
스팀을 넣고 윗불 250℃, 아랫불 230℃가 된 단계에서 생지를 넣는다. 생지를 넣어 오븐의 윗불·아랫불 온도가 모두 10℃가 내려간 상태인 윗불 240℃, 아랫불 220℃에서 약 26분간 굽는다.

기 기

믹서 …… 켐퍼 스파이럴 믹서
오븐 …… 미베 전기오븐

장인이 빠져든 대상을 요리와 어울리는 존재로 만든다

'바게트 마지시엔'이라는 이름은 바게트를 마녀가 가지고 다니는 지팡이에 비유한 것이다. 아이들이 좋아하는 달콤한 빵부터 빵 마니아들의 눈길을 끄는 신제품까지 항상 80가지 정도의 빵을 판매하고 있다. 그중 가게 이름에도 붙인 바게트를 비롯한 프랑스빵에 힘을 쏟고 있다.

"바게트 레시피는 빵 중에서도 가장 심플하기 때문에 기술과 역량이 필요하다. 장인으로서 빠져들 수 있는 대상이다. 고안과 개량은 장인이 해야 할 일이며 손님들은 빵을 먹고 즐기기만 하면 된다"라고 셰프는 말한다. 맛이 튀지 않고 요리와 어울리는 바게트를 지향하고 있다.

가토 히로키 셰프가 만든 바게트는 '풀리시법'으로 만드는 것이 가장 큰 특징이다. 이것은 전체량의 30%에 달하는 밀가루를 드라이이스트와 소금, 물과 합쳐 '풀리시 반죽'으로 만들어두고, 나머지 70%의 밀가루와 물 등을 따로 '본반죽'으로 만든 후 이 2가지를 합쳐 만드는 제법이다.

풀리시법의 매력은 장시간 발효로 생지가 자연스럽게 뭉쳐지고 구웠을 때 향과 맛이 깊어진다는 점과 일단 반죽한 밀가루를 다시 반죽함에 따라 글루텐이 억제되어 부드러운 식감으로 만들어진다는 점이라고 한다.

풀리시법을 활용한 상온 장시간 발효

밀가루는 안정적으로 들일 수 있다는 조건으로 선택한 일본산과 프랑스산 밀가루 6가지로 독창성을 높였다. 풀리시법을 사용하기 위해 장시간의 발효내성이나 향이 나오는 법을 보고 밀가루를 선택했다.

우선 'TYPE ER'과 프랑스산 '바게트 뫼니에', '라 트래디션 프랑세즈(La Tradition Francaise)', 인스턴트드라이이스트와 게랑드 소금, 물을 섞어 상온에 하룻밤 두어 풀리시 반죽을 만든다. 가스가 나와 겉면에 기포가 생기면 사용 가능하다.

본반죽은 '리스도르', '조슈치코나', 'F'와 '바게트 뫼니에', 물, 유로몰트를 손으로 섞어 만든다. 반죽 온도는 여름, 겨울 관계없이 20℃ 정도로 한다. 상온에서 장시간에 걸쳐 생지를 뭉치기 때문에 반죽하는 단계에서는 가루기가 많은 상태여도 괜찮다. 단, 다른 작업과의 균형을 맞추기 위해 냉장해야 하는 경우는 다시 반죽할 필요가 있다. 비닐을 이중으로 싸서 상온에 18시간 두어 생지를 뭉친다.

준비가 끝난 풀리시 반죽과 본반죽, 게랑드 소금을 스파이럴 믹서로 섞는다. 스위치를 누르는 동시에 드라이이스트의 예비발효를 시작한다. 저속으로 5분 돌린 다음 10분간 그대로 두어 오토리즈를 한다. 예비발효에 15분 걸리기 때문에 오토리즈를 끝내는 타이밍과 맞춘다.

생지를 넣은 믹서에 예비발효가 끝난 이스트를 넣고 저속으로 5분 섞는다. 믹싱 후반에 수분을 넣으면 생지에 윤기가 생긴다고 한다.

상온에서 1시간 발효시키고 펀치 후 다시 30분간 상온 발효를 한 후 분할한다.

30분 휴지시킨 후 성형을 한다. 성형할 때는 생지 안의 가스를 짓누르지 않도록 한다.

덧가루로는 강력분에 쌀가루를 섞은 것을 사용하기를 추천한다. 생지 수분량에 영향을 끼치지 않고 생지를 쉽게 다룰 수 있다.

온도 27℃, 습도 75%의 발효실에서 50~100분간 최종 발효를 한다. 풀리시 반죽은 안정성이 낮기 때문에 발효 상태를 눈으로 보면서 확인할 필요가 있다.

쿠프는 7번 낸다. 윗불 250℃, 아랫불 230℃의 스팀 오븐에 넣어서 10℃씩 내린 상태를 유지한다. 약 26분에 걸쳐 굽는다.

레트로 바게트

C'est TRÈS BON

세 트레 본

셰프 오니시 가오리

프랑스의 맛을 재현하기 위해
배합과 제법 연구를 거듭한 바게트

Point

_ 손반죽으로 수분을 많이
넣어 견고한 층을 만든다.
_ 믹싱이 아닌 펀치로 생지를
뭉친다.

오니시 가오리 셰프는 본고장 프랑스의 바게트 맛을
내기 위해 지금도 프랑스에 건너가 계속해서 배우고 있다. 밀가루가 가진
맛을 최대한 이끌어내어 요리를 돋보이게 하는 식감으로 만들어낸다. 분할
할 때 생지의 중량이 250g인 작은 사이즈의 바게트도 있다.

레트로 바게트

배 합

리스도르(닛신제분) 90%

테루아(닛신제분) 10%

사프 인스턴트드라이이스트(레드) 0.16%

사프 인스턴트드라이이스트(블루) 0.16%

시마마스 소금 1.8%

몰트 0.2%

물 78%

제 법

1. 믹싱   큰 볼에 밀가루와 소금, 이스트를 넣고 충분히 섞는다.

         물과 몰트를 합친 것을 한 번에 넣는다.

         생지가 매끄러운 상태가 될 때까지 5분 정도 손으로 반죽한다.

         반죽 온도 20~21℃

2. 상온 발효   실온(25~26℃)에서 20분, 펀치, 20분, 펀치, 20분, 펀치, 2시간

3. 분할   400g

4. 휴지   실온(25~26℃)에 25분

5. 성형   길이 58cm

6. 최종 발효   실온(25~26℃)에서 40분

7. 굽기   쿠프를 5번 낸다.

         스팀을 넣고 윗불 260℃, 아랫불 230℃에서 24분

기 기

오븐 …… 본가드 전기오븐

깊은 맛을 가진 프랑스의 바게트를
목표로 삼았다

오니시 가오리 셰프는 1년에 한 번은 프랑스에 방문하여 지금까지 10곳이 넘는 가게에서 열심히 공부를 거듭해왔다. '장인과의 만남이 즐겁고 프랑스를 굉장히 좋아한다'는 셰프가 목표로 하는 것은 단맛이 느껴질 정도로 깊은 맛이 있고, 요리를 돋보이게 해주는 바게트다. 현재의 배합과 제법은 프랑스에서 배운 기술을 토대로 일본의 재료와 기기를 사용하여 본고장의 맛을 어떻게 재현할지를 고민하며 만들어낸 것이다.

깊은 맛을 내는 가장 중요한 점은 발효를 조절하여 밀이 가진 맛을 이끌어내는 데에 있다고 한다. 같은 배합이라도 매일 조금씩 차이가 나기 때문에 생지 상태를 확인하며 발효를 조절하는 것이 굉장히 중요하다.

밀가루 선택에서 중시한 것도 깊은 맛이다. 여러 가지 밀가루를 시험해본 결과 제일 깊은 맛이 느껴진 '리스도르'를 메인으로 사용한다. '테루아'를 10% 배합하는 이유는 현재 제법에 적당한 단백질 양으로 조절하기 위해서이다. 이스트는 힘 조절을 위해 사프 인스턴트드라이이스트 레드와 사프 인스턴트드라이이스트 블루를 같이 사용한다.

78%의 높은 흡수에 따라 쫄깃한 바게트 속을
만들어낸다

오니시 가오리 셰프가 목표로 삼은 요소 중 다른 한 가지는 요리를 돋보이게 해주는 바게트를 만드는 것이다. 여기서 포인트는 제대로 된 바게트 속을 만드는 데에 있다. 그리고 그 비결은 78%라는 상당히 높은 흡수다. '레트로 바게트'는 겉은 바삭하고 속은 쫄깃하다는 특징이 있다. 요리와 함께 먹어서 생지가 수분을 머금어도 입에 남는 불쾌한 식감이 없고 수분을 다량 머금고 있어서 입에서 녹는 느낌도 좋다. 실제로 요리와 잘 어울린다는 점에서 높은 평가를 받았으며 레스토랑에서도 많이 주문한다고 한다.

손반죽으로 하는 믹싱은 수분을 많이 머금게 하면서 안정된 생지를 만들기 위한 최적의 방법이라고 한다. 손으로 반죽할 때는 탄력을 만들어내는 것이 포인트다. 스테인리스 볼 안에 반죽을 넣고 바깥쪽에서 안쪽으로 반죽을 뒤집듯이 5분 정도 반죽한다. 전체가 균일하게 반죽됐을 쯤 상온 발효에 들어간다.

수분이 많기 때문에 믹싱을 끝내도 생지는 손으로 들어 올릴 수 없는 상태다. 그렇기 때문에 처음에 1시간은 20분이 경과할 때마다 펀치를 해준다. 오니시 셰프는 이 생지를 '펀치로 뭉치는 생지'라고 표현한다.

펀치를 3번 한 후 손으로 들어 올릴 수 있으며 보다 매끈한 상태가 된다. 이 생지를 만드는 공정이 굉장히 중요하다고 한다.

현재는 준비하는 양이 많기 때문에 스파이럴 믹서를 사용하는 경우도 있다. 얼마나 손반죽에 가까운 상태로 만들 수 있는지를 연구하여 1단으로 8분, 2단으로 1분간 돌리고 배합에 10% 사전 반죽을 넣는 방법을 사용한다. 사전 반죽은 전날에 1시간 발효를 시켜서 냉장한 바게트 생지다. 믹서는 손반죽보다 볼륨이나 탄력이 나오지 않기 때문에 이런 문제들을 보완할 목적으로 넣는다.

반죽 온도는 약간 낮게 설정하여 발효 시간을 길게 잡는 게 중요하다. 펀치를 3번 한 다음 2시간 동안 그대로 휴지시켜서 분할에 들어간다.

수분이 많고 약한 생지이므로 성형할 때도 탄력을 내는 것에 유의한다. 남은 가스를 빼고 겉면에 탄력을 만들면서 아래쪽, 위쪽 순으로 접은 후 마지막에 2번을 접어서 탄력을 만들어준다.

쫄깃쫄깃한 식감의 바게트 속을 만들기 위해 생지를 충분히 늘리는 느낌으로 고온으로 단시간에 확실히 구워낸다.

로브로스바게트

LOBROS BAKERY

로브로스 베이커리

일본산 밀의 감칠맛을 살려 바게트를 처음 먹는 사람도
좋아할 만한 맛으로 만든다

ⓟoint

_ 안심, 안전을 콘셉트로 하여
  일본산 밀가루를 사용한다.
_ 오버나이트 발효로 밀가루
  맛을 끌어낸다.

바게트가 익숙하지 않은 사람도 맛있게 먹을 수 있고
밀가루 맛이 충분히 느껴지는 바게트를 만든다. 맷돌로 제분한 밀가루를 섞
고 오버나이트 발효를 하여 밀가루의 감칠맛과 단맛을 끌어냈다.

로브로스 바게트

배 합

TYPE ER(에베쓰제분) 80%
그리스트밀(닛폰제분) 20%
사프 인스턴트드라이이스트(레드) 0.15%
멕시코산 천일염 2.2%
물 68%

제 법

1. 믹싱   저속 6분
                반죽 온도 25℃
2. 상온 발효   실온에서 30분, 펀치, 30분
3. 저온 발효   17℃ 발효실에서 16~20시간
4. 분할   280g
5. 휴지   30분
6. 성형   길이 42cm
7. 최종 발효   온도 27℃, 습도 75%에서 40분
8. 굽기   반죽 위에 가로로 쿠프를 1번 낸다.
                처음에 증기를 확실하게 넣은 후 오븐에 넣고 220℃에서 20~25분

기 기

믹서 …… 간토혼합기공업 스파이럴 믹서
오븐 …… 타니코 전기오븐

일본산 밀가루에 맷돌 제분한 밀가루를 섞어서 감칠맛을 높인다

도쿄 세이부신주쿠선 무사시세키역 앞에서부터 이어지는 버스길을 따라 있는 '로브로스 베이커리'는 동네 주민들이 즐겨 찾는 인기 빵집이다. '안심할 수 있는 안전한 식재료'를 사용한다는 콘셉트에 따라 바게트에도 일본산 밀가루를 메인으로 사용하고 있다.

이 가게의 목표는 일본산 밀이 가진 본연의 맛을 살린 바게트를 만드는 것이다. '로브로스 바게트'는 속은 쫄깃하고 겉은 두꺼우며, 씹었을 때 밀가루의 감칠맛이 느껴진다. 오버나이트 발효로 밀가루 맛을 끌어내고 있는 것이 이곳 바게트의 특징이다.

메인으로 사용하는 밀가루는 에베쓰제분의 홋카이도산 밀가루인 'TYPE ER'이다. 빵 전용 밀가루로는 사용하기 어렵다고 알려진 일본산 밀 중에서 높은 안정성이 결정적인 요인이 되어 이 가루를 사용한다고 한다. 또 구웠을 때 향이나 감칠맛이 풍부하게 나와 80%로 배합하여 사용한다. 밀가루의 감칠맛을 끌어내기 위해 맷돌 제분한 닛폰제분의 '그리스트밀'을 20% 섞는다. 입자가 굵고 생지는 독특한 회색빛이 돌며, 밀가루의 감칠맛과 단맛이 보다 강하게 난다고 한다.

가스 빼는 방법을 안정시키고 기포가 큰 바게트로 만든다

우선 저속으로 6분 정도 믹싱하여 재료를 균일하게 섞는다. 여기서 너무 반죽을 하면 입에서 녹는 느낌이 좋지 않은 빵으로 만들어지기 때문에 재료를 섞는 정도로 믹싱을 멈춘다. 그다음 중간에 펀치를 1번 하면서 상온 발효를 하고 저온 발효에 들어간다.

17℃의 발효실에 16~20시간 동안 두어 오버나이트 발효를 한다. 이때 17℃라는 온도 설정이 중요하다. 온도가 17℃ 이상이면 너무 발효가 되어버리고 17℃ 이하면 생지가 숙성되지 않고 발효도 부족한 상태가 된다. 시험적으로 거듭하여 만들어본 결과, 이 온도와 발효 시간의 밸런스가 가장 적당하다고 한다. 저온 발효를 끝내는 시점은 눈으로 보고 손으로 만져 판단한다.

성형의 포인트는 가스를 빼는 방법에 있다. 생지를 사각형으로 넓힐 때에는 생각한 것보다 약간 강하게 가스를 빼면서 반죽을 늘린다. 이때는 생지 전체에 있는 가스를 균등하게 빼도록 유의한다. 생지를 접어서 마지막에 모양을 정돈할 때는 세게 누르지 않도록 주의한다. 여기서 생지를 꽉 잡으면 바게트 속에 기포가 없어지기 때문이다. 이렇게 처음에는 가스를 빼고 마지막은 조심스럽게 생지를 다루면 바게트 속의 기포가 큰 이상적인 바게트로 만들어진다. 이후 40분 정도 최종 발효를 하고 굽기에 들어간다. 오븐에 넣기 전 오븐에 20~30초간 증기를 듬뿍 넣어 증기를 오븐 안에 가둔 후 생지를 넣는다. 온도는 위아래 220℃로 설정하여 20~25분간 제대로 굽는다. 반죽을 오븐에 넣는 횟수에 따라 익는 정도가 달라지기 때문에 굽기 시간은 중간에 구워지는 상태를 보면서 조절한다. 이 온도에서 구우면 크러스트는 두툼해지고 제대로 된 식감이 나온다. 설정 온도가 낮으면 굽기 시간이 길어지고 수분이 날아가 퍼석퍼석해지기 때문에 온도에 주의를 기울인다.

제법에서 가장 큰 포인트는 온도 관리에 있다고 한다. 매일 안정된 바게트를 만들기 위해 굽는 시간보다도 반죽 온도, 발효실, 굽기 등 모든 공정에서 적정한 온도로 작업하는 것을 중시하고 있다.

아침 8~10시쯤부터 준비를 시작하여 다 구워지는 것은 다음 날 아침 5~7시쯤으로, 시간을 들여 천천히 만들어낸다. 평소 바게트를 잘 먹지 않는 사람도 맛있게 먹길 바라는 마음으로 매일 바게트를 굽는다. 많은 날은 30개까지 팔릴 정도로 인기 있다.

바게트

KIBIYA ベーカリー

키비야 베이커리

오너 마키노 메구

**직접 만든 천연효모 100%와
일본산 밀가루만으로 만든 개성파 바게트**

ⓟoint

_ 일본산 밀의 감칠맛을
끌어낸 100% 천연효모 빵.
_ 결이 미세한 바게트 속과
둥그스름한 모양이
특징이다.

키비야 베이커리에서는 대대로 내려온 제법으로 만든 무첨가 빵을 제공한다. 100% 일본산 밀가루를 사용하고 직접 만든 천연효모로만 천천히 발효시킨 바게트는 독특한 맛과 식감이 매력이 되어 고정 팬이 생겨났다.

바게트

배 합

일본산 스트레이트 밀가루(아베제분) 100%

천연효모 ▪ 30%

일본산 천일염 1.8%

유로몰트 0.4%

물 58%

> ▪ 천연효모 종계
> 건포도로 만든 원종, '일본산 스트레이트 밀가루', 체로 친 통밀가루 '지큐안코무기 전립분', 소금, 물을 저속으로 5분간 믹싱하고 10분 휴지시킨 후 다시 저속으로 5분간 믹싱한다. 이것을 실온(26℃)에서 10시간 이상 발효시킨다.

제 법

1. 믹싱   저속 8분
천연효모는 손으로 흩뿌리면서 조금씩 넣는다.
반죽 온도 18℃
2. 1차 발효   온도 30℃에서 90분
3. 분할, 둥글리기   300g
4. 휴지   온도 30℃에서 60분
5. 성형   길이 30cm
6. 최종 발효   온도 30℃의 발효실에서 5~6시간
7. 굽기   쿠프를 5번 낸다. 오븐에 넣는 동시에 스팀을 듬뿍 넣고
윗불, 아랫불 230℃에서 20~25분

기 기

믹서 …… 아이코제작소 버티컬 믹서
오븐 …… 게이힌전기제작소 전기오븐

선대로부터 전해 내려온 제법을 지키면서
천연효모도 종계하여 사용한다

'키비야 베이커리'는 가마쿠라에서 1948년에 창업한 베이커리 '다카라야'로부터 대물림을 하여 지금까지도 그 맛을 지켜나가고 있다. 현재 오너인 마키노 메구 씨는 선대인 '다카라야'의 창업자 딸이 시작한 천연효모와 일본산 밀가루를 사용한 빵 제법을 그대로 이어받아, 엄선한 재료로 만든 무첨가 빵을 판매하고 있다.

전 오너가 만든 빵에 애착을 가지고 있는 손님들이 많았기 때문에 그 제법을 지켜나가고 싶었다고 한다. 그중 바게트를 만드는 데에도 선대로부터 내려온 제법을 제대로 지키고 있다.

직접 만든 천연효모는 선대로부터 물려받은 것으로 키비야 베이커리에서 없어서는 안 될 재료다. 무농약으로 재배한 일본산 밀가루와 일본산 통밀가루를 사용하여 26℃의 실온에서 10시간 이상 발효시켜 신중하게 종계작업을 한다. 독특한 산미가 있으며 장시간 발효로 숙성시켜 감칠맛이 풍부하게 나온 효모다.

밀가루도 선대가 엄선한 밀가루를 사용한다. 후쿠시마현에 있는 아베제분의 '일본산 스트레이트 밀가루'로 제분회사가 그때마다 일본 각지의 일본산 밀을 섞어서 글루텐 양 등을 안정시켜 만든 밀가루라고 한다.

최종 발효 판단이 바게트의 완성을 좌우한다

일본산 밀가루와 소금, 미네랄워터, 몰트시럽을 믹싱하고 물과 밀가루가 잘 섞였을 때쯤에 천연효모를 떼어내서 조금씩 넣는다. 장시간 발효를 시키기 위해 반죽 온도는 18℃로 약간 낮게 설정한다. 1차 발효 시간은 계절을 따지지 않고 90분으로 고정하고 있다.

분할과 둥글리기를 할 때는 가능한 손으로 너무 만지지 않도록 가볍게 접는 정도에서 멈춘다. 60분간 약간 길게 휴지시키고 이 시점에서 신장성을 충분히 높여간다.

성형에서 가스빼기를 하지 않는 게 특징이다. 이스트 생지에 비해 발효력이 약하고 민감하기 때문에 생지를 뭉개지 않도록 조심스럽게 성형한다. 이곳의 바게트는 길이가 30cm로 짧은 편이고, 끝이 뾰족하지 않고 둥그스름한 독특한 모양을 가지고 있다. 이것도 선대로부터 이어받은 스타일이다. 두께가 균일하고 어떻게 자르던 같은 모양으로 잘린다는 장점이 있다.

공정 중에 가장 중요하면서 어려운 점은 최종 발효라고 한다. 30℃의 발효실에 넣어서 5~6시간 동안 천천히 발효를 시키는데 이 최종 발효 후 오븐에 넣을 때의 생지 상태를 확인하는 것이 중요하다. 생지 전체의 부푼 정도, 윤기, 만져봤을 때 탄력 등으로 그 순간을 판단한다. 1차 발효는 정한 시간에서 다음 공정에 들어가도 그다지 영향받지 않지만 최종 발효는 생지 상태를 제대로 확인하지 않으면 바게트의 완성에 큰 영향을 끼친다. 발효가 적당히 되면 쿠프가 쓱 하고 부드럽게 들어간다고 한다.

구울 때 여름철이라면 반죽이 캔버스 천에 달라붙기 쉬우므로 오븐에 반죽을 신중하게 넣는다. 오븐에 넣는 동시에 증기를 듬뿍 넣어 크러스트를 고소하게 구워낸다.

다 구워진 바게트는 쫄깃하고 씹을 때마다 밀가루 맛이 서서히 입안에 퍼진다. 바게트 속은 독특하게도 기포가 작고 결이 미세하다. 프랑스의 바게트는 기본적으로 기포가 크지만 이 가게에서 판매하는 바게트는 천연효모와 일본산 밀가루를 사용한다는 발상에서 시작됐기 때문에 이 독자적인 스타일을 일관하고 있다.

키비야 베이커리의 빵 중에서는 비교적 천연효모 특유의 산미가 적고 먹기 좋은 빵으로 손님에게 권하고 있다. 오랜 세월에 걸쳐 팬도 많이 생겼으며 앞으로도 제법을 바꾸지 않고 정성스럽게 만들고 싶다고 한다.

바게트

バン処 麻凜堂

팡도코로 마린도

점주 미야바야시 나오쓰구

**단단하고 고소한 크러스트와
프랑스산 밀의 강한 풍미가 장점**

_축열성이 좋은 오븐으로
　크러스트를 단단하게 구워낸다.
_심플한 배합으로 프랑스산
　밀의 풍미를 강조한다.

씹는 맛이 있는 크러스트와 프랑스산 밀의 진한 풍미로 본고장인 프랑스의 맛을 원하는 사람들에게 지지받고 있다. 믹싱 마지막에 펀치를 3번 하면 느슨해지기 쉬운 생지가 다루기 쉬워지고 볼륨도 생기는 효과가 있다.

바게트

배 합

테루아(닛신제분) 100%
사프 세미드라이이스트(레드) 0.15%
몽골산 돌소금 2%
물 69~72%(25%는 경수를 사용)
유로몰트(같은 양의 물을 넣어 녹인 것) 0.2%

제 법

1.믹싱   밀가루, 유로몰트와 물을 넣는다. 이때 물은 1~2% 정도 따로 담아놓는다.
저속 3분
오토리즈 30분
↓ (따로 담아둔 물로 녹인 이스트)
저속 1분
↓ (소금)
저속 1분, 고속 1분
반죽 온도 22~23℃(최종적으로 이 온도가 되도록 오토리즈 후 반죽 온도는 계절에 따라 조절한다.)
실온에 20분 놔둔 후 펀치를 한다. 이 공정을 총 3번 한다.

2. 1차 발효   실온에서 2시간
7℃의 냉장고에서 14시간

3. 분할   370g

4. 휴지   실온에서 40분(최종적으로 생지 온도가 15~16℃로 돌아오도록 계절에 따라 조절한다.)

5. 성형   길이 57~58cm

6. 최종 발효   온도 27℃, 습도 70%에서 30분

7. 굽기   쿠프를 7번 낸다.
스팀을 넣고 윗불 225℃, 아랫불 225℃에서 27~30분

기 기

믹서 …… 켐퍼 스파이럴 믹서
오븐 …… 웰커 전기오븐

오버나이트 제법으로 생지에 단맛을 더한다

'제대로 딱딱한 크러스트에서 나오는 고소한 향과 맛을 느꼈으면 한다'는 생각으로 만든 마린도의 바게트는 잇몸을 찌른다고 말하는 손님도 있을 정도로 딱딱한 크러스트가 특징이다. 호불호가 확실히 갈릴 수 있는 빵이지만, 본고장의 바게트 같다며 한 번에 많이 사가는 외국인 손님이나 소문을 듣고 멀리서 찾아오는 손님도 많으며 주말에는 50개 전후로 팔리는 인기 상품이다.

딱딱할 뿐만 아니라 씹을수록 감칠맛을 느끼도록 밀가루는 프랑스산 '테루아' 하나만 사용한다. 테루아는 생지가 느슨해지기 쉽다는 단점이 있지만 다른 밀가루에는 없는 진한 맛이 마음에 든다고 한다. 프랑스산 밀 중에서는 저렴한 편이기 때문에 적당한 가격에 판매할 수 있는 것도 이점이다.

또 오버나이트 제법으로 만들어 단맛을 더한다. 이스트와 몰트 양은 약간 적게 하고 7℃의 냉장고에서 14시간을 기준으로 1차 발효를 한다. 스트레이트법과 비교하여 생지는 다루기 어려워지지만 구워졌을 때 맛에 차이가 난다고 한다.

물은 분량의 25%를 프랑스산 경수로 바꿨다. 프랑스 밀가루에는 그 땅의 물이 맞는다고 생각하기 때문이다. 특히 미네랄 성분이 다량 함유된 미네랄워터를 사용한다.

믹싱 시간을 짧게 하여 밀가루 풍미를 가능한 남긴다

믹싱에서는 믹싱이 끝나는 시간을 확인하는 것이 중요하다. 시간을 들이면 생지는 다루기 쉬워지지만 밀가루 풍미가 날아간다. 반대로 믹싱 시간을 짧게 하면 성형이 어려워진다. 따라서 오토리즈를 30분간 하고 펀치를 3번 함으로써 믹싱 시간을 가능한 짧게 하면서 다루기 쉬운 반죽으로 만든다. "3번 하는 펀치가 끝날 때까지를 믹싱이라고 생각한다"고 셰프가 말한 것처럼 펀치를 하기 전의 반죽은 상당히 느슨하지만 가볍게 잡아당기면서 접듯이 펀치를 하면 마지막엔 생지가 단단해진다.

그다음 1차 발효와 분할을 한다. 테루아는 글루텐이 약하여 경미한 손상으로 볼륨이 없어지기 때문에 여기부터는 가능한 만지는 횟수를 줄인다. 냉장고에서 꺼내면 생지가 느슨해지기 전에 재빨리 분할하는데, 뒤에 성형하기 쉽도록 미리 직사각형으로 잘라놓는다. 가스가 빠지지 않도록 부드럽게 둥글리고 40분간 휴지시킨다.

성형할 때는 가스가 빠지도록 생지를 가볍게 누르면서 바게트 모양으로 만든다. 가스를 빼면 고르게 익기 때문이다. 그대로 발효실에 넣어서 30분간 최종 발효를 한다. 발효실에서 꺼낸 시점에서 생지는 단단해져 있지만 그래도 조금 부드럽기 때문에 쿠프는 1번씩 신중하게 낸다.

오븐은 독일의 웰커(Welker)사 제품을 사용한다. 불이 돌아가는 방향이나 축열이 좋고 딱딱한 빵을 굽는 데 적합하다. 비싸지만 이것만큼은 양보할 수 없다며 고집한 오븐이다. 그 특성 때문에 225℃로 마지막까지 굽는다. 바게트 바닥을 두드렸을 때 땅땅 소리가 나면 다 구워졌다는 신호다. 소리가 탁하면 아직 익지 않았다는 것이다.

심플한 배합이지만 맛은 풍부하여 그대로 먹어도 충분히 맛있다. 블루치즈 등 맛이 진한 요리와 특히 잘 어울린다. 아침 식사부터 저녁 식사, 반주 등 다양한 상황에서 일상적으로 먹을 수 있는 바게트다.

바게트

gentille

젠틸

오너 셰프 사카구치 미노루

**르뱅의 감칠맛과 산미를 살려
요리와 잘 어울리는 맛있는 바게트**

ⓟoint

_프랑스 바게트 맛을 일본산
재료로 재현시킨다.
_100% 일본산 밀을 사용하고
믹싱으로 글루텐을
만들어낸다.

'상냥함'을 의미하는 '젠틸'이 이름인 이 가게에서는
'몸과 환경에 좋은 빵 만들기'의 일환으로 일본산 밀을 사용한다. 발효종으로는 대부분 직접 만든 르뱅을 사용하여 독특한 감칠맛과 산미로 요리에 어울리는 바게트를 제공한다.

바게트

배 합

TYPE ER(에베쓰제분) 80%

하루유타카 Ⅱ (에베쓰제분) 20%

자가제 르뱅 ▪ 20%

사프 드라이이스트(레드) 0.3%

소금(오키나와산) 2.3%

몰트 시럽 0.2%

물 70%

> ▪ 르뱅액 종계
> 르뱅액을 만들 때는 천연효모 발효기(아이코제작소)를 사용한다. 호밀가루로 만든 원종에 'TYPE ER',
> 몰트 시럽, 뜨거운 물을 넣고 발효기를 27℃로 설정하여 8시간 동안 발효시킨다. 만들어진 르뱅액
> 은 10℃의 환경에서 관리하고 종계를 반복한다.

제 법

1. 믹싱	저속 3분, 고속 8분	
	반죽 온도 24℃	
2. 1차 발효	온도 24℃, 습도 85%에서 90분	
3. 분할	220g	
4. 휴지	30분	
5. 성형	길이 50cm	
6. 최종 발효	온도 24℃, 습도 85%에서 90분	
7. 굽기	생지에 밀가루(TYPE ER)를 뿌리고 쿠프를 비스듬하게 5번 낸다. 반죽을 오븐에 넣은 후 증기를 넣고 윗불 230℃, 아랫불 240℃에서 25분	

기 기

믹서 …… 아이코제작소 버티컬 믹서

오븐 …… 산코기계 전기오븐

고속으로 8분간 믹싱하여 글루텐을 제대로 낸다

프랑스의 제빵학교에서 제빵을 배운 사카구치 미노루 셰프는 프랑스에서 먹었던 밀의 고소함과 효모의 감칠맛이 나는 바게트를 목표로 한다. 단지 프랑스 바게트를 그대로 재현하는 게 아니라 일본산 재료를 사용하여 어떻게 그 맛을 내는지가 포인트이다.

일본산 밀가루를 사용하고 싶다는 생각은 이전부터 했다고 한다. 음식의 안전에 대한 배려는 물론 푸드 마일리지(Food Mileage, 식품이 생산자에게서 소비자에게로 오기까지 이동거리)를 줄이고 싶다는 환경에 대한 배려도 있기 때문이다. 가게의 이름은 프랑스어로 '상냥하다'라는 의미를 가지고 있다. '몸에 상냥하다, 환경에 상냥하다, 접객이 상냥하다' 등 젠틸의 모든 것을 이어주는 키워드이기도 하다. 그렇기 때문에 밀가루는 에베쓰제분에서 제조하는 홋카이도산 밀인 'TYPE ER'을 메인으로 선택했다. 그 위에 글루텐 양을 보완하는 목적으로 일본산 강력분인 하루유타카 II 를 섞어서 일본산 밀가루 100%로도 볼륨을 내기 쉽게 배합했다.

또 가게가 목표로 하는 '효모의 감칠맛'을 만들어내기 위해 직접 만든 르뱅액을 사용한다. 호밀가루로 만든 원종에 밀가루, 몰트, 물을 넣고 종계하면서 사용한다. 보다 안정성이 있는 르뱅액을 만들기 위해 천연효모 발효기를 들여놓았다. 다만 르뱅액만으로는 발효력이 약하므로 이스트를 보조적으로 넣는다.

바게트를 만드는 공정에서의 포인트는 먼저 재료 믹싱을 확실하게 하는 것이다. 저속으로 3분 돌려 재료를 섞은 후 고속으로 8분간 약간 길게 믹싱한다. 이렇게 믹싱 단계에서 글루텐을 풍부하게 내주면 글루텐 양이 적은 일본산 밀과 힘이 약한 르뱅을 사용하더라도 충분히 볼륨 있는 바게트를 만들 수 있다.

또 하나의 포인트는 1차 발효에서 펀치를 하지 않는다는 점이다. 중간에 펀치를 하면 바게트의 탄성이 너무 강해진다. 어느 정도 씹는 맛을 내기 위해 1차 발효를 진행하는 90분 사이에는 펀치를 하지 않는다.

성형할 때 가스를 빼는 방법에도 주의를 한다. 여기서 가스를 너무 많이 빼면 기포가 없어지므로 가스가 많이 빠지지 않도록 생지를 적당한 힘으로 균등하게 눌러 기포가 큰 바게트 속을 만든다. 발효 상태 확인도 중요하다. 발효 상태가 좋지 않을 때 작업의 흐름 속에서 어떻게 조절할 수 있는지가 중요하다고 한다. 매일 생지의 상태가 다르기 때문에 상품으로 판매할 수 있는 수준을 유지해가는 역량을 키워야 한다.

효모에서 나오는 은은한 산미가 식재료 맛을 꽉 잡아준다

젠틸은 카페도 같이 운영하고 있다. 카페에서는 프랑스 요리를 배운 셰프의 아내가 크로크 무슈나 날마다 바뀌는 샌드위치 등의 빵 메뉴를 판매한다. 베이커리와 카페의 일체화를 콘셉트로 빵과 요리의 매칭을 추구한다.

젠틸의 바게트는 직접 만든 르뱅을 사용하기 때문에 천연효모의 독특한 산미가 은은하게 느껴진다. 이 산미는 요리와 조합했을 때 효과를 발휘한다고 한다. 바게트와 어울리는 파테(Pâté) 등 진한 식재료의 맛을 꽉 잡아 서로 맛을 돋보이게 하는 역할을 하기 때문에 산미는 없어서는 안 될 요소라고 생각한다.

바게트

BOULANGERIE ANGE
불랑주리 앙주

오너 불랑제 도비타 다쓰비

**프랑스의 인기 베이커리에서 배운 풀리시법을 답습하고
홋카이도산 밀로 독창성을 만들어낸다**

❶Point

_풀리시종으로 생지의 숙성을
촉진한다.
_제대로 반죽을 구워서
고소함과 풍미가 매력적인
바게트로 만든다.

프랑스에서 배운 풀리시법을 사용하고, 홋카이도산
밀을 배합하여 '앙주'만의 독창성을 만들어냈다. 수분이 있는 생지를 제대로
구워 고소한 크러스트와 촉촉한 바게트 속이 매력인 바게트다.

바게트

배 합

풀리시종

도슌(기다제분) 20%

TYPE ER(에베쓰제분) 10%

사프 드라이이스트(레드) 0.09%

몰트 분말 0.04%

물 34%

본반죽

리스도르(닛신제분) 57%

레장데르(닛신제분) 13%

사프 드라이이스트(레드) 0.3%

시마마스 소금 1.8%

몰트 분말 0.05%

물 36%

르뱅종 ▪ 적당량

> ▪ 르뱅종은 건포도와 물을 넣고 일주일 동안 발효시켜 액종을 만든 후 건
> 포도는 건지고 밀가루, 물, 몰트를 넣어 배양한다. 사용한 양만큼 더 붓는다.

제 법

풀리시종

1. 믹싱   저속 2분, 손으로 가볍게 섞고 중속 2분

2. 냉장 발효   5℃의 냉장고에 넣어서 오버나이트

본반죽

1. 믹싱   저속 5분, 중속 2분

     반죽 온도 23℃(계절에 따라 변동 있음)

2. 상온 발효   상온에서 4시간

3. 분할   350g

4. 휴지   2시간

5. 성형   길이 52cm

6. 최종 발효   실온 28℃, 습도 80%에서 1시간

7. 굽기   쿠프를 6~7번 낸다.

     오븐에 넣은 후 스팀을 넣고 윗불 240℃, 아랫불 230℃에서 약 30분

기 기

믹서 …… 아이코제작소 드래건 후크(스파이럴 후크)

오븐 …… 미베 컨벡션 오븐

풀리시종을 사용하여 수분 함량이 높은 생지로 만든다

도비타 다쓰비 오너 불랑제는 프랑스 파리에 있는 불랑주리 '르네 생투앙(Rene Saint-Ouen)'에서 2년 정도 기술을 배운 경험이 있다. 이 가게는 하루에 바게트를 300개 가까이 구워내는 인기 가게로 시라크 전 프랑스 대통령도 바게트를 사러 왔다고 한다. 도비타 불랑제는 이 맛을 내기 위해 프랑스에서 배운 제법을 기초로 하면서 재료는 프랑스산을 고집하지 않고 홋카이도에 있는 품질 좋은 밀가루를 사용하여 독창성을 만들어냈다.

'앙주'의 바게트를 처음 한 입 깨물면 바로 고소하면서 풍부한 향이 느껴진다. 제대로 구워진 크러스트와 쫄깃한 바게트 속은 씹을수록 맛이 깊어진다. 레드 와인에 곁들여도 좋고 샌드위치에도 잘 어울린다며 호평을 얻고 있다.

제법의 특징은 풀리시종을 사용한다는 것이다. 풀리시종에 의해 반죽이 숙성되므로 크러스트의 바삭함과 바게트 속의 촉촉한 느낌이 유지된다고 한다.

풀리시종에는 2종류의 홋카이도산 밀가루를 사용한다. 홋카이도산 밀가루를 사용하면 부드럽고 쫄깃쫄깃한 식감으로 만들어지기 때문이다. 약간 입자가 굵은 밀가루와 물을 전날에 섞어 저온에서 숙성시키는 것이 중요하다고 생각하여 수분을 많이 흡수하지 않는 'TYPE ER'과 수분을 비교적 흡수하는 '도슌'을 1:2 비율로 섞어 사용한다.

소금을 넣으면 이스트가 활동하지 않기 때문에 소금은 넣지 않고 밀가루, 이스트, 몰트 분말, 물을 넣고 저속으로 3분 돌려 일단 가볍게 섞는다. 믹서 볼 바닥에 모인 밀가루를 아래부터 들어내면 재료가 덩어리지지 않는다고 한다. 이어서 중속으로 2분간 돌리고 5℃의 냉장고에 넣어 오버나이트로 숙성시킨다.

르뱅종을 적당량 넣어 풍미와 향을 높인다

본반죽 밀가루는 '리스도르'와 '레장데르'를 사용한다. 전자는 맛이 담백하고 사용하기 쉽고, 후자는 풍미가 좋아서 선택했다. 또 건포도와 물로 만든 르뱅종을 적당량 넣어 향과 풍미를 높인다. 단, 너무 많이 넣으면 신맛이 나와 호불호가 갈리는 바게트가 되기 때문에 분량은 적당히 가감하고 있다.

제법은 재료를 모두 넣는 것이지만 몰트 분말은 준비한 물의 일부에 녹여 넣고 소금은 마지막에 반죽 전체에 뿌려 넣는다. 저속으로 5분, 중속으로 2분 돌려 너무 섞지 않고 재료를 합치는 느낌으로 믹싱을 끝낸다. 이 믹싱에서 밀가루에 수분을 얼마나 넣을 수 있을지에 따라 반죽의 좋고 나쁨이 결정된다고 한다. 믹서도 드래건 후크(스파이럴 후크)를 사용하여 생지에 부담을 주지 않도록 한다.

4시간 동안 상온 발효를 한다. 펀치도 하지 않고 상온에서 휴지시킨다.

분할한 후 2시간 동안 휴지시키는데 이것이 프랑스식이다. 보통 살짝 둥글린 생지를 발효용기 등에 넣어 그대로 휴지시키는데, '앙주'에서는 생지를 통기성이 좋은 나무 판 위에 올리고 생지 겉면에 물을 살짝 묻혀 겉면을 촉촉하게 만든다. 그 위에 비닐을 씌워 건조해지는 것을 방지한다. 2시간이라는 비교적 긴 시간 동안 휴지시키는 것은 생지를 성형하기 좋은 경도가 될 때까지 생지 상태를 돌려놓기 위함이다.

성형은 가능한 생지를 누르지 않고 조심스럽게 한다. 덧붙여 말하자면 프랑스에서는 몰더로 성형한다고 한다.

최종 발효는 60분을 기준으로 하지만 반죽이 완벽하게 되지 않은 경우에는 발효실에서 조금 길게 발효시킨다. 윗불 240℃, 아랫불 230℃의 컨벡션 오븐에 넣어 약 30분, 바게트 색과 고소한 향이 제대로 나올 때까지 굽는다.

바게트

Wälder

벨더

오너 셰프 모리 시게유키

:

**바게트를 잘라 먹는다는 가정하에
레스토랑용으로 만들었다**

Point

_르뱅 리퀴드와 노면으로
깊은 맛을 만들어낸다.
_레스토랑용으로
기포가 적은 바게트 속을
만든다.

더욱 풍부한 풍미를 내기 위해 르뱅 리퀴드와 노면을
함께 사용했다. 이에 따라 바게트의 안정성이 좋아지고 노화 속도를 늦출
수 있게 되었다. 레스토랑에서는 잘라서 사용한다는 점을 고려하여 바게트
속의 기포를 약간 적게 만든다.

바게트

배 합

프랑스(도리고에제분) 80%

TYPE ER(에베쓰제분) 20%

플뢰르 드 셀 2.2%

사프 인스턴트드라이이스트 0.4%

르뱅 리퀴드 ▪ 15%

노면 15%

물 66%

> ▪ 르뱅 리퀴드
> 통밀가루와 물을 1:1 비율로 섞어서 3~4일간 둔다. 발효가 시작되면 전종 20g, 밀가루 100g,
> 물 100g으로 종계를 시키고 24시간 동안 발효시켜서 사용한다.

제 법

1. 믹싱
   저속 3분
   오토리즈 30분
   ↓ (소금, 노면)
   저속 6~7분
   반죽 온도 24~26℃
2. 1차 발효　온도 28℃, 습도 72%에서 120분, 펀치, 60분
3. 분할　350g
4. 휴지　20~30분
5. 성형　길이 42cm
6. 최종 발효　온도 28℃, 습도 72%에서 50~60분
7. 굽기　오븐에 넣은 후 스팀을 넣는다.
   윗불 230℃, 아랫불 240℃에서 27분

기 기

믹서 …… 간토혼합기공업 버티컬 믹서
오븐 …… 고토부키베이킹머신 전기오븐

르뱅 리퀴드와 노면으로 개성적인 풍미를 추구한다

'벨더'만의 맛을 만들기 위해 이 가게에서는 대부분 빵에 천연효모를 사용한다. 준비한 효모는 포도종, 르뱅종, 르뱅 리퀴드, 사워종의 4가지. 이 대부분이 종계에 의해 배양된 효모로 해가 지날 때마다 맛이 깊어진다고 한다.

이번에 소개하는 '바게트'도 르뱅 리퀴드를 사용한 '벨더'의 간판상품이다. 효모는 오픈 이후 7~8년 동안 종계해서 사용하는 천연효모다. 또 전날에 준비해놓은 생지, 노면을 더하는 것도 이 가게 바게트의 특징이다.

모리 시게유키 셰프는 평소 천연호모를 고집하여 빵을 만든다. 빵을 만드는 데 효모를 우선으로 생각하며 배합이나 제법을 생각해 나간다. 그래서 이 바게트에는 르뱅 리퀴드를 너무 많이 넣으면 신맛이 나기 때문에 15%로 줄이고 노면을 같은 비율로 사용하여 풍미를 강하게 만든다. 또 제대로 숙성된 노면을 넣어 완성된 바게트에 안정성을 주고 노화를 늦추는 효과도 노렸다.

이 바게트는 레스토랑에 납품하기 위해 만들기 시작했다. 바게트가 남아도 다음 날까지 사용할 수 있도록 노화를 늦추고 싶었다는 모리 셰프. 레스토랑에서는 잘라서 제공된다는 점을 고려하여 바게트 속은 약간 기포를 적게 만드는 것이 목표다. 기포가 많은 부분, 기포가 생기지 않은 부분 등 자른 위치에 따라 고르지 못한 속을 가진 바게트는 손님은 물론 가게에서도 선호하지 않는다. 이렇게 되는 것을 방지하기 위해 전체적으로 기포가 적은 바게트를 만들고 있다.

이상적인 바게트 속을 만들어내는 포인트는 성형이다

이 가게의 목표는 '향이 좋고 입에서 녹는 느낌이 좋은 바게트'를 만드는 것이다. 밀가루는 도리고에제분에서 제조한 '프랑스'에 풍미가 강하고 쫄깃쫄깃하며 탄성이 있는 식감을 만들어주는 에베쓰제분의 'TYPE ER'를 사용한다. 소금은 감칠맛이 강한 플뢰르 드 셀(Fleur de sel, 입자가 굵은 천일염)을 사용한다.

먼저 밀가루, 이스트, 르뱅 리퀴드, 몰트, 물을 섞어서 저속으로 3분간 믹싱한다. 이어서 천천히 수화시킬 목적으로 30분간 오토리즈를 한다. 그 위에 소금과 노면을 넣어 저속으로 6~7분간 믹싱한다. 여기서는 다소 생지를 뭉쳐주는 느낌으로 믹싱한다. 반죽 온도는 24~26℃이며 계절에 따라 변동된다.

1차 발효는 28℃, 습도 72%에 120분 동안 두고 펀치를 1번 한 후 다시 60분간 발효시킨다. 습도가 높으면 생지가 느슨해지는 동시에 가스발생이 활발해지기 때문에 바게트 속에 구멍이 많아진다. 따라서 건조하지 않은 정도인 72%로 하고 있다. 또 이 1차 발효가 끝났을 때 생지 일부를 남겨놓고 다음 날 바게트에 노면으로 넣는다. 남은 생지는 5℃의 냉장고에서 숙성시킨다.

분할은 바게트 규정인 350g으로 한다. 생지에 손상을 주지 않도록 한 번에 350g으로 분할하고 그대로 20~30분 동안 휴지시킨다.

어느 부분을 잘라도 균일한 바게트 속이 되도록 만들기 위한 중요 포인트가 이 다음의 성형이다. 부드럽게 눌러 가스를 뺀 다음 3절 접기를 하고 다시 3절 접기를 한다. 마지막은 반으로 접어 생지를 펴주면서 이음매를 잇는다. 여기에서 생지가 느슨한 경우는 꽉 말고 생지가 단단한 경우는 느슨하게 접는 등, 힘을 가감하면 이상적인 바게트 속이 만들어져 입에서 녹는 느낌을 낼 수 있다.

온도 28℃, 습도 72%에서 50~60분 동안 최종 발효를 한다. 윗불 230℃, 아랫불 240℃에서 27분간 굽는다. 레스토랑용 바게트는 가게에서 가열한다는 점을 고려하여 열을 덜 가하고 있다.

빵집 소개와 바게트 게재 페이지

긴무기 · 金麦

주소 도쿄도 미나토구 시로카네다이 5-11-4
(東京都港区白金台 5-11-4)
전화 03-5791-4536
영업시간 9시~19시(상품 품절 시 영업 종료)
정기휴일 수요일
www.kinmugi.net

20p 바게트 트래디셔널

유명한 호텔에서 배움을 거듭한 이토 류이치 셰프가 하루에 만드는 빵은 40가지다. 전통 하드계열 빵을 중심으로 제철 과일을 사용한 대니시, 창작하여 만든 조리빵 등 다양하게 판매하고 있다.

네모 베이커리&카페 · nemo Bakery&Café

주소 도쿄도 시나가와구 고야마 4-3-12(東京
都品川区小山 4-3-12)
전화 03-3786-2617
영업시간 9시~23시
정기휴일 둘째·넷째 주 수요일
www.nemo-bakery.jp

100p 바게트

함께 운영 중인 카페에서는 술도 판매하고 있다. 네모토 다카유키 셰프는 15살부터 제빵 일을 했다. 카페 '오 바카날(Aux Bacchanales)', 프랑스 제과점 '아틀리에 드 레브(Atelier de Reve)' 등에서 베이커리 셰프로 일한 경력이 있다.

라 봉통 · La Bonton

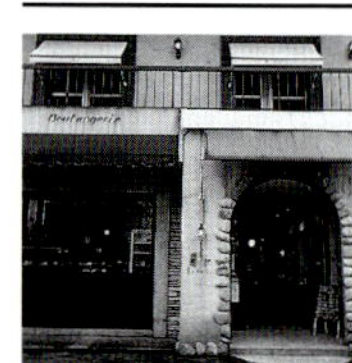

주소 니가타현 나가오카시 게사지로 3-4-4
(新潟県長岡市今朝白3-4-4)
전화 0258-32-0222
영업시간 6시~19시
정기휴일 화요일
http://bonton.jp

112p 바게트

20년 전부터 하드계열 빵을 중심으로 판매하고 있으며 많은 지역 주민들이 하드계열 빵을 사 간다고 한다. 주말에는 500명 이상의 손님이 찾는다. 120종류의 빵을 판매하고 있다.

라팡 느와르 구로사기 · ラパンノワール くろうさぎ

주소 사이타마현 지치부시 노사카마치 1-18-
12(埼玉県秩父市野坂町1-18-12)
전화 0494-25-7373
영업시간 10시~18시 30분
정기휴일 화요일, 금요일
www.lapin-noir.co.jp

64p 바게트

총 50종류의 빵에 직접 배양한 천연효모와 일본산 밀가루를 사용한다. 지역 단골손님은 물론 멀리서 찾아오는 손님도 많다. 케이크나 구움과자도 판매하고 있으며 카페테리아도 마련되어 있다.

로브로스 베이커리 · LOBROS BAKERY

주소 도쿄도 네리마구 세키마치키타 1-15-14
크레센토 다나카 1층(東京都練馬区関町北
1-15-14 クレセント田中1F)
전화 03-5927-5355
영업시간 9시~19시 30분, 연중무휴

124p 로브로스 바게트

지유가오카(自由が丘)와 기치조지(吉祥寺)에 카페&식당을 운영하는 '로브로스 베이커리'는 2007년 9월에 문을 열었다. '안심, 안전'을 모토로 한 빵 90종류를 판매하고 있다.

마리아주 드 파린느 · Mariage de Farine

주소 도쿄도 세타가야구 후카사와 2-1-10(東
京都世田谷区深沢2-1-10)
전화 03-5752-1015
영업시간 10시~19시(*11월~2월은 10시~
18시)
정기휴일 화요일, 셋째 주 수요일

36p 바게트 캄파뉴

일본을 대표하는 쓰지구치 히로노부 파티시에가 오너를 맡고 있는 불랑주리다. 프티 가토(Petit Gâteau)처럼 구워낸 독창적인 빵, 생과자 등 항상 70~90종류의 빵을 판매하고 있다.

물랭 드 라 갈레트 아사히가오카 본점 · Moulin de la Galette 旭ヶ丘本店

주소 홋카이도 삿포로시 주오구 아사히가오카 2-3-25(北海道札幌市中央区旭ヶ丘2-3-25)
전화 011-531-2124
영업시간 8시 30분~19시 30분(겨울철(1~3월)은 8시 30분~18시 30분)
정기휴일 수요일, 월 1회 부정기 휴일

40p 바게트

삿포로와 긴자에 있는 '조안(Johan)'이라는 베이커리에서 기술을 익힌 시부타니 히데키 셰프가 1987년 오픈한 가게다. 일찍부터 하드계열 빵을 만드는 데 힘을 쏟았다. 삿포로시 안에 지점이 2개 있다.

바게트 마지시엔 · BAGUETTE MAGICIENNE

주소 가나가와현 요코하마시 도쓰카구 가미야베초 771-4 카디스6빌딩 1층(神奈川県横浜市戸塚区上矢部町771-4 カディス6ビル1F)
전화 0458-13-0886
영업시간 9시~19시(상품이 품절 시 영업 종료)
정기휴일 월요일, 화요일(여름, 겨울 장기휴업 있음)

116p 바게트 마지시엔
http://baguettemagicienne.com/

다양한 고객층을 위한 빵을 70~80가지 판매한다. 그중에서도 프랑스 빵은 가게 이름에 '바게트'를 붙일 정도로 만드는 데 힘을 쏟고 있다. 프랑스산과 일본산을 합쳐서 20종류의 밀가루를 용도에 맞게 나눠서 사용한다.

벨더 · Wälder

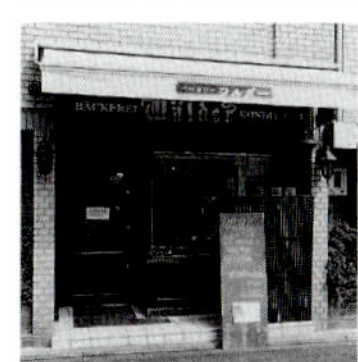

주소 교토부 교토시 나카교구 후야초 롯카쿠 사가루 사카이초 452-102(京都府京都市中京区麩屋町六角下る坂井町452-102)
전화 075-256-2850
영업시간 8시~19시
정기휴일 목요일

144p 바게트

아이부터 어른까지 다양하게 찾을 수 있는 '거리의 빵집'을 콘셉트로 하드계열 빵부터 간식용 빵까지 폭넓게 판매하고 있다. 그중 직접 만든 4가지 효모를 사용한 천연효모 빵이 유명하다.

벳카 후지와라 · bäcker fujiwara

주소 도쿄도 도시마구 이케부쿠로혼초 3-1-1(東京都豊島区池袋本町3-1-1)
전화 03-3981-6540
영업시간 8시 30분~20시(상품 품절 시 영업 종료)
정기휴일 화요일

72p 바게트

1평짜리 작은 매장에는 밀 향이 풍부한 30종류의 빵이 나열되어 있다. 파티시에로 일한 경험이 있는 후지와라 도시오 셰프가 만든 마카롱과 슈크림도 인기 있다. 2007년 5월 2호점도 오픈했다.

불 뵈르 불랑주리 · Boule Beurre BOULANGERIE

주소 도쿄도 하치오지시 요카마치 10-19(東京都八王子市八日町10-19)
전화 042-626-8806
영업시간 11시~18시(상품 품절 시 영업 종료)
정기휴일 화요일, 수요일, 월 2회 월요일
http://ameblo.jp/boule-beurre/

60p 바게트 니콜라

하드계열 빵이 알차게 준비되어 있으며 많은 단골 주민들이 식사용 빵으로 구입해간다고 한다. 오후 3시가 되면 빵이 전부 다 팔릴 정도로 인기가 있으며 다양한 고객층이 좋아하는 가게다.

불랑주리 E.S. · BOULANGERIE E.S.

주소 가나가와현 즈시시 즈시 7-6-31(神奈川県逗子市逗子7-6-31)
전화 046-872-2206
영업시간 10시~18시
정기휴일 일요일, 월요일

68p 바게트

쉐라톤 그랜드 도쿄 베이 호텔(Sheraton Grande Tokyo Bay Hotel), 트랭블루(TRAIN BLEU)에서 기술을 연마한 시마다 에이지 셰프가 2007년에 오픈한 가게다. 가게 안에 진열된 40종류의 빵 중 60~70%를 하드계열 빵이 차지하고 있다.

불랑주리 다카기 · ブランジュリータカギ

주소 오사카부 오사카시 니시구 에도보리 1-5-1(大阪府大阪市西区江戸堀1-5-1)
전화 06-4803-0008
영업시간 8시~19시 30분
정기휴일 일요일, 공휴일, 월요일 부정기 휴일

48p 천연효모 바게트

일본산 밀이나 유기채소 등 안전한 재료를 엄선하여 빵을 만든다. 상품은 하드계열 빵이 주류다. 그중에서도 바게트는 3종류의 생지를 나눠 사용하여 10종류 이상의 제품을 갖추었다.

불랑주리 라 세종 · BOULANGERIE LA SAISON

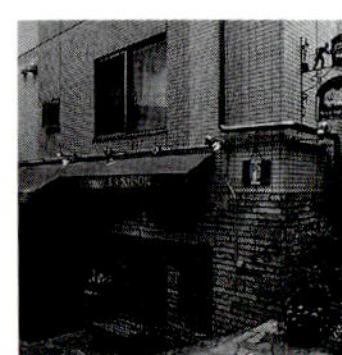

주소 도쿄도 시부야구 요요기 4-6-4 엑설런
트 요요기 1층(東京都渋谷区代々木4-6-4
エクセレント代々木1階)
전화 03-3320-3363
영업시간 7시~20시
정기휴일 월요일
www.la-saison.jp

88p 바게트 라 세종

하드계열 빵이나 과자빵, 샌드위치, 구움과자 등 100종류의 다양한 상
품을 팔고 있다. 2007년 12월에 오픈한 도미가야(富ヶ谷)점은 테라스
석이 있으며 카페도 이용 가능하다.

불랑주리 르보와 · Boulangerie Lebois

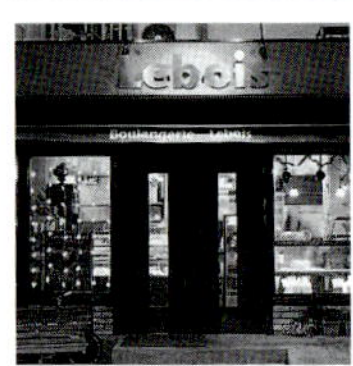

주소 도쿄도 나카노구 야요이초 2-52-4(東京
都中野区弥生町2-52-4)
전화 03-3229-8015
영업시간 9시~19시
정기휴일 일요일, 둘째·넷째 주 월요일
www.boulangerielebois.com

32p 바게트

프랑스에서 3년 동안 기술을 배운 경험이 있는 모리 도모하루 셰프가
2001년 10월에 오픈한 가게다. 본고장 프랑스 파리에서 배운 하드 브
레드부터 과자빵까지 항상 약 60종류의 빵과 과자를 준비한다.

불랑주리 사사 · BOULANGERIE ÇAÇA

주소 도쿄도 시부야구 사사지카 2-7-10-1F
(東京都渋谷区笹塚2-7-10-1F)
전화 03-3375-5805
영업시간 10시~20시
정기휴일 화요일, 둘째 주 수요일

108p 오가닉 바게트 오 르뱅

1평밖에 안 되는 공간에서 재료 고유의 맛을 살린 깊은 맛의 빵 40~50
종류를 팔고 있다. 사사지마 히로유키 셰프의 고향인 이바라키산 밀가
루를 모든 빵에 사용한다. 언젠가는 밀가루를 직접 재배하여 사용하려
고 노력 중이다.

불랑주리 앙주 · BOULANGERIE ANGE

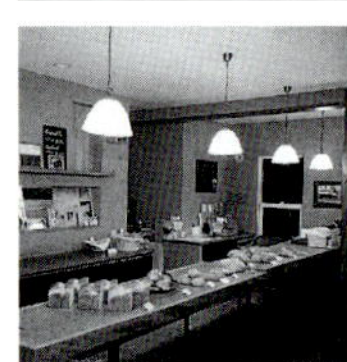

주소 홋카이도 삿포로시 주오구 미나미19조
니시14초메 2-7(北海道市中央区南19条西
14丁目2-7)
전화 011-563-0083
영업시간 9시~19시
정기휴일 일요일, 공휴일

140p 바게트

2005년 10월 조용한 주택가에 오픈한 빵집. 가게 안 하나의 테이블 위
에는 30종 정도의 빵이 나열되어 있다. 하드계열 빵 외에 크루아상이나
스콘도 인기가 좋다.

불랑주리 에즈 블루 · BOULANGERIE eze bleu

주소 교토부 교토시 가미교구 이마데가와도리
데라마치 니시이루 오하라구치초 212(京都
府京都市上京区今出川通寺町西入大原口
町212)
전화 075-231-7077
영업시간 7시~19시
정기휴일 화요일, 셋째 주 월요일

56p 바게트 프랑세즈

프랑스 전통을 그대로 이어온 제법으로 프랑스제 스톤 플로어 오븐을
사용한다. 본고장의 맛을 추구하며 하드계열 빵이나 전통적인 빵에 충실
한 곳이다. 전 파티시에였던 셰프에 의한 과자빵도 충실하다.

불랑주리 이아낙! · BOULANGERIE ianak!

주소 도쿄도 아라카와구 니시닛포리 4-22-11
(東京都荒川区西日暮里4-22-11)
전화 03-3822-0015
영업시간 8시 30분~19시
정기휴일 일요일, 공휴일
www.ianak.com

76p 바게트

2006년 오픈한 지역에서 사랑받는 빵집이다. 하드계열 빵이나 다른 식
재료를 올린 빵이 인기로 80종류 이상의 빵을 판매하고 있다. 가게 이
름 'ianak'은 가네이 다카유키 오너의 성을 거꾸로 표기한 것이다.

불랑주리 탕드르망 · Boulangerie TENDREMENT

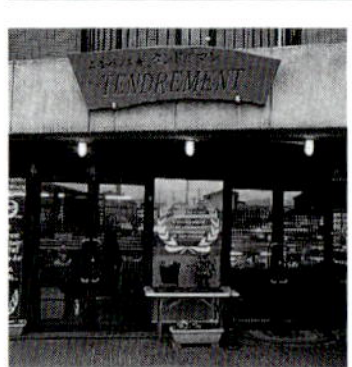

주소 후쿠오카현 후쿠오카시 조난구 자야마
4-14-15(福岡県福岡市城南区茶山4-14-
15)
전화 092-873-1745
영업시간 8시~19시
정기휴일 첫째·셋째 주 일요일

84p 바게트 나튀르

다른 식재료를 올린 빵에서 하드계열 빵까지 다양한 종류의 빵을 판매
하며 폭넓은 세대로부터 지지를 받고 있다. 와타나베 히로유키 셰프가
추천하는 빵은 호밀 빵이다. 효모에서 나오는 깊은 맛에 끌려 효모에 대
해 열심히 연구하고 있다.

빵 스테이지 에피소드 · パンステージ エピソード

주소 도쿄도 마치다시 즈시마치 1379-1(東京都町田市図師町 1379-1)
전화 042-703-9722
영업시간 6시~20시
정기휴일 무휴(여름휴가, 설날 휴일 있음)

12p 쇼헤이 바게트

가나가와 다마 플라자(たまプラーザ)의 인기 빵 가게 '프롤로그(Prologue)'의 야마모토 게이조 오너 셰프가 2007년 6월 도쿄 마치다시에 오픈한 베이커리. 250종류의 빵으로 하루 500명의 손님들을 모으고 있다.

세 트레 본 · C'est TRÉS BON 平尾店

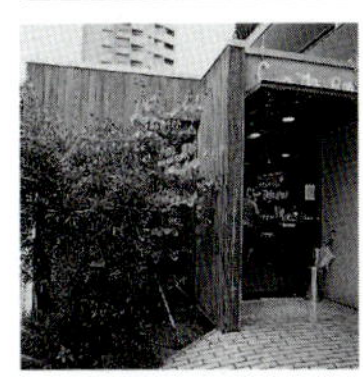

주소 후쿠오카현 후쿠오카시 주오구 히라오 5-3-46(福岡県福岡市中央区平尾 5-3-46)
전화 092-533-9722
영업시간 9시~20시
정기휴일 셋째 주 수요일

120p 레트로 바게트

휴일에는 400명의 손님들이 모이는 후쿠오카 인기 빵 가게다. 하드 계열 빵을 중심으로 100종류의 빵을 만들며 카페테리아도 같이 운영하고 있다. 직원은 모두 여성이며 마음을 담아서 빵을 만드는 데 힘쓰고 있다.

애드 팡듀스 · add:PAINDUCE

주소 오사카부 오사카시 주오구 기타하마 4-3-1(大阪府大阪市中央区北浜 4-3-1)
전화 06-6223-0300
영업시간 매장 8시~19시(주말, 공휴일 11시~18시) 레스토랑 11시 30분~15시, 17시 30분~23시(일요일, 공휴일 ~21시 30분), 비정기 휴일
www.painduce.com/add.html

24p 애드 바게트

2007년 5월 개업한 인기 베이커리 '애드 팡듀스'. 레스토랑이 중점이기 때문에 빵 코너는 테이크아웃만 된다. 본점 상품에서 약 100가지 빵을 엄선하여 판매한다.

오세안 블루 · Océan bleu

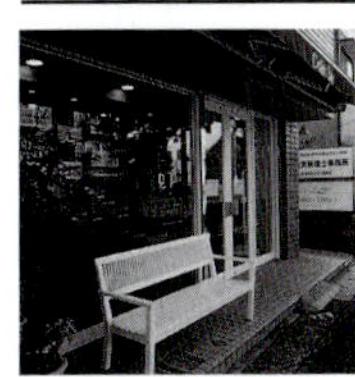

주소 가나가와현 히라쓰카시 유히가오카 2-10 후쿠다빌딩 1층(神奈川県平塚市夕陽ケ丘 2-10 福田ビル1F)
전화 0463-21-8669
영업시간 9시~19시
정기휴일 수요일

92p 바게트 드 캄파뉴

하시모토 다카히로 오너 셰프는 2005년 월드페이스트리컵(World Pastry Cup)에서 3위를 수상했다. 주택가에 가게를 차려 폭 넓은 고객층을 위한 빵과 친절한 접객으로 지역에 의한 경영을 꿈꾼다.

젠틸 · gentille

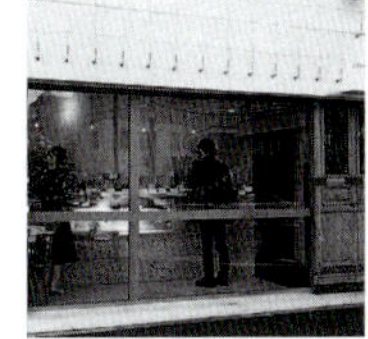

주소 도쿄도 메구로구 메구로 3-1-1(東京都目黒区目黒 3-1-1)
전화 03-3712-9610
영업시간 8시 30분~19시(카페 13시~16시)
정기휴일 일요일, 공휴일(카페는 수요일도 정기휴일)

136p 바게트

베이커리의 3대째 오너가 카페를 병설한 점포로 리뉴얼했다. 옛 과자 빵을 현대 스타일로 각색한 것부터 하드계열 빵까지 다양하게 준비하고 있다.

키비야 베이커리 · KIBIYA ベーカリ

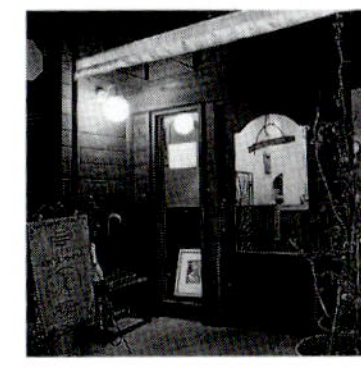

주소 가나가와현 가마쿠라시 오나리마치 5-34(神奈川県鎌倉市御成町 5-34)
전화 0467-22-1862
영업시간 10시~19시
정기휴일 수요일

128p 바게트

직접 만든 천연효모, 무농약 일본산 밀, 천일염, 미네랄워터 등을 사용한 하스 브레드(Hearth bread)나 각종 식빵, 구움과자 등을 판매한다. 니시구치오나리도리(西口御成通り) 본점 외에 히가시구치단카즈라(東口段葛)점도 있다.

토츠젠 베이커스 키친 · TOTSZEN BAKER'S KITCHEN

주소 가나가와현 요코하마시 오쿠라야마 2-1-11(神奈川県横浜市大倉山 2-1-11)
전화 045-548-0568
영업시간 화요일~토요일 9시~20시, 일요일 및 공휴일 9시~19시
정기휴일 월요일, 둘째 주 일요일

28p 바게트 드 트래디션

호텔 출신 오너와 셰프가 협력하여 가게를 만들었다. 빵집의 이미지를 뒤집는 세련된 공간과 다양한 종류의 빵들, 한 사람 한 사람의 손님과 눈을 마주보며 판매하는 친절한 서비스로 지역에서 사랑받는 가게다.

팡노고야 · パンの小屋

주소 효고현 다카라즈카시 다이세이초 1-4-46(兵庫県宝塚市高司1-4-46)
전화 0797-77-1225
영업시간 8시~19시
정기휴일 목요일

104p 바게트

주택가에 위치한 빵집으로 가족 손님을 겨냥하여 먹기 좋은 빵을 만들고 있다. 재료도 건강을 염두에 두어 일본산 밀이나 유기농 재료를 적극적으로 사용한다. 셰프가 직접 가르치는 제빵 교실도 평판이 나 있다.

팽 드 나노시 · Pain de Nanosh

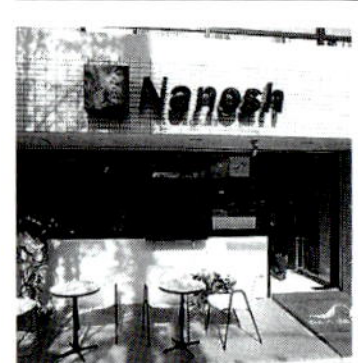

주소 가나가와현 지가사키시 도모에 1-3-14 라이온즈플라자 지가사키에키마에 101(神奈川県茅ヶ崎市共恵 1-3-14 ライオンズプラザ茅ヶ崎駅前 101)
전화 0467-86-8757
영업시간 평일 8시~19시, 주말 및 공휴일 7시~18시, 부정기 휴일 있음

44p 바게트

130종류의 빵들을 판매하며 주말에는 500명 이상 방문하는 인기 빵집이다. 새하얀 가게 안에는 진열대가 일직선으로 있고, 접객 방식과 셀프 방식을 겸비한 판매 방법이 개성적인 가게다.

포앙타지 · pointage

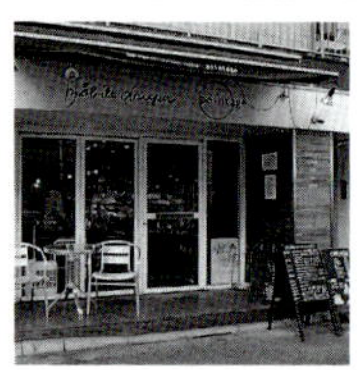

주소 도쿄도 미나토구 아자부주반 3-3-10(東京都港区麻布十番3-3-10)
전화 03-5445-4707
영업시간 10시~24시 30분(토요일·일요일 ~24시)
정기휴일 월요일, 셋째 주 화요일

96p 레트로 바게트

형 나카가와 세이메이, 동생 나카모토 에이지 형제가 각각 빵을 굽고 요리를 만드는 베이커리 카페&레스토랑이다. 빵과 어울리는 메뉴도 다양하게 팔고 있다. 늦은 시간까지 영업한다.

하코네 바쿠진 · 足柄麦神 麦師 [폐업]

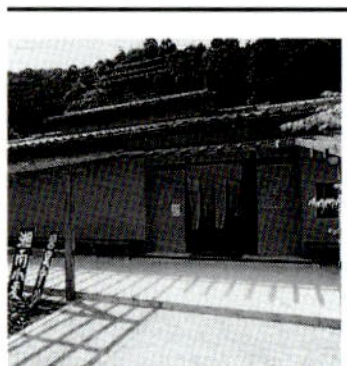

주소 가나가와현 아시가라시모군 하코네마치 유모토 71-5(神奈川県足柄下郡箱根町湯本 71-5)
전화 0460-83-9600
영업시간 10시~19시
정기휴일 목요일(그 외 비정기 휴일 있음)

16p 바쿠진 바게트

가나가와 이세하라(伊勢原)에 있는 브누아통(Benotion)을 경영하는 다카하시 유키오 씨가 2008년 2월 하코네유모토에 오픈한 빵집이다. 일본풍으로 창작한 빵을 중심으로 50가지 빵을 판매한다.

팡도코로 마린도 · パン処 麻凛堂

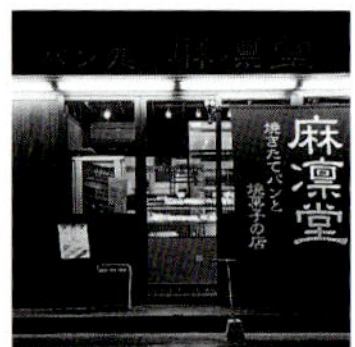

주소 사이타마현 사이타마시 미나미구 시카테부쿠로 1-3-30(埼玉県さいたま市南区鹿手袋 1-3-30)
전화 048-866-0876
영업시간 9시~19시
정기휴일 일요일, 첫째·셋째·다섯째 주 월요일

132p 바게트

가게의 외관은 일본 분위기가 물씬 풍기지만 내부에서는 재즈가 흘러나오는 개성적인 가게. 특히 주력하는 빵은 하드계열 빵으로 단팥빵부터 독일 빵까지 다양하게 판매하고 있다. 주말이 되면 한 번에 많은 양을 사 가는 손님들도 많다.

팽 드 코나 · PAIN de CONA

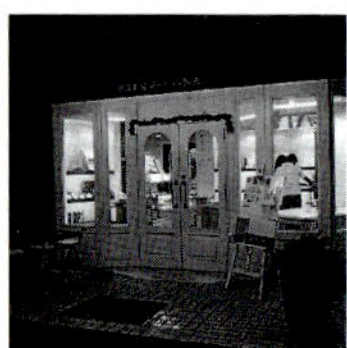

주소 가나가와현 요코하마시 아오바구 미타케다이 3-18(神奈川県横浜市青葉区みたけ台 3-18)
전화 045-974-4717
영업시간 7시~18시
정기휴일 화요일

80p 코나 바게트

제빵에 대한 공부를 멈추지 않는 다카하시 세이치 오너 셰프가 이론을 따르지 않고 독자적으로 개발한 하드계열 빵으로 특히 정평이 나 있다. 유기농 재료를 사용한 샌드위치 종류도 인기다.

푸르니에 · Fournier

주소 오사카부 이즈미시 노조미노 3-799-43(大阪府和泉市のぞみ野 3-799-43)
전화 0725-55-2220
영업시간 6시~상품 품절 시 영업 종료
정기휴일 일요일
www.fournier.jp

8p 바게트 앙주

정통 하드계열 빵은 물론이고 지역에 뿌리 내린 식재료를 올린 빵이나 과자, 식빵 등을 판매하는 인기 빵집이다. 근처 역과는 떨어져 있고 전용 주차장이 없다는 점에 유의하자.

힐사이드 팬트리 다이칸야마 · ヒルサイドパントリー代官山

주소 도쿄도 시부야구 사루가쿠초 18-12 힐사이드 테라스 G동 B1F(東京都渋谷区猿楽町18-12ヒルサイドテラスG棟B1F)
전화 03-3496-6620
영업시간 10시~19시, 부정기 휴일 있음

52p 바게트

도시개발건축 건물로 알려져 있는 힐사이드 테라스(Hillside terrace) 안에 위치한 가게다. 천연효모를 사용한 하드계열 빵 등 약 50종류를 판매한다. 수입식재료 매장과 델리카트슨(Delicatessen)을 함께 운영하고 있다. 카페테리아도 갖추어져 있다.

바게트 전용
밀가루 가이드

×

어떤 밀가루를 어떻게 배합해서 사용할지는 제빵의 기본이다.
그중에서도 바게트는 배합이 심플하기 때문에 밀가루 선택이 굉장히 중요하다.
제분회사가 추천하는 바게트 전용 밀가루와 특징을 소개한다.

• 상품 정보는 2008년 8월 기준이다. 자세한 내용은 각 제분회사에 문의하도록 한다.

가라키다제분주식회사
（柄木田製粉株式会社）

주소 나가노현 나가노시 시노노이아이 30-2(長野県長野市篠ノ井会30-2)
전화 026-292-0890
팩스 026-293-2206
www.karakida.co.jp

가사하라산업주식회사
（笠原産業株式会社）

주소 도치기현 아시카가시 후쿠이초 819(栃木県足利市福居町819)
전화 0284-71-3181
팩스 0284-72-5641
www.kasa-kona.co.jp

구마모토제분주식회사
（熊本製粉株式会社）

주소 구마모토현 구마모토시 니시구 하나조노 1초메 25-1(熊本県熊本市西区花園1丁目25-1)
전화 096-355-1223
팩스 096-355-1264
www.bears-k.co.jp

프랑스

특징 밀가루 고유의 향과 맛을 살린 프랑스 빵 전용 밀가루.
성분 회분 : 0.42%, 단백질 : 12.0%

골든 메이플

특징 가사하라산업주식회사를 대표하는 제빵용 밀가루. 크러스트가 바삭하게 구워진다.
성분 회분 : 0.36%, 단백질 : 12.3%

[GRAIND'OR] 무르 드 피에르

특징 프랑스산 밀과 북미산 밀가루를 독자적인 배합으로 섞어서 맛있는 맛과 진한 향을 만들어낸 맷돌 제분 밀가루. 하드계열 빵에 사용되며 독특한 식감과 향이 느껴진다.
성분 회분 : 0.55%, 단백질 : 10.5%

(특)라인골드

특징 맷돌로 제분한 나가노현산 밀가루를 섞어 밀의 풍미를 높인 유럽빵 전용 밀가루.
성분 회분 : 0.48%, 단백질 : 11.5%

다마이즈미 SP

특징 도치기현산 밀 다마이즈미 100%로 만든 밀가루다. 다른 일본산 밀에 비해 현저히 높은 단백질을 함유하고 있다. 일본산 밀 특유의 맛과 풍미가 느껴진다.
성분 회분 : 0.36%, 단백질 : 11.0%

[GRAIND'OR] KJ-15

특징 구마모토산 '미나미노카오리'를 100% 사용한 맷돌 제분 밀가루. 회분 함량이 높아 맛에 영향을 주며 효모 등 장시간 발효로 사용하면 맛이 더 두드러진다.
성분 회분 : 0.95%, 단백질 : 10.5%

유메아사히

특징 나가노현산 강력분 '유메아사히'를 맷돌로 제분한 밀가루. 고소한 밀가루 향과 밀이 가지고 있는 미네랄, 식이섬유를 다량 함유하고 있다.
성분 회분 : 0.75%, 단백질 : 10.8%

무기노카호리

특징 도치기현산 밀인 '농림61호' 100%로 만든 밀가루. 일본산 밀 특유의 맛과 풍미가 느껴진다. 밀가루를 배합하여 사용할 경우 골든 메이플 등 고단백 밀가루를 권장한다.
성분 회분 : 0.35%, 단백질 : 8.5%

[GRAIND'OR] 우스카오리

특징 규슈산 밀 100%로 만든 맷돌 제분 밀가루. 껍질 부분을 조금만 갈아 잡맛을 억제하고 감칠맛을 끌어냈다. 제빵성도 뛰어나다.
성분 회분 : 0.80%, 단백질 : 10.9%

기노시타제분주식회사
(木下製粉株式会社)

주소 가가와현 사카이데시 다카야초 1086-1(香川県坂出市高屋町1086-1)
전화 0877-47-0811
팩스 0877-47-3660
www.flour.co.jp

세이류

특징 소량 제분의 특징과 장점을 살린 밀가루. 갓 간 밀의 풍미를 느낄 수 있으며 결이 촘촘하고 부드러운 빵을 만들 수 있다.
성분 회분 : 0.36%, 단백질 : 10.5%

세키류

특징 세이류와 같이 부드럽게 만들어지지만 풍미와 탄력이 강한 빵으로 만들어진다. 갓 간 밀가루의 풍미를 느낄 수 있다.
성분 회분 : 0.42%, 단백질 : 10.7%

히마와리

특징 세이류에 비해 단단한 빵이 만들어진다. 씹는 맛이 강한 빵을 만들고 싶다면 추천.
성분 회분 : 0.37%, 단백질 : 12.3%

기다제분주식회사
(木田製粉株式会社)

주소 홋카이도 삿포로시 기타구 시노로 6조 7초메 2번 28호(北海道札幌市北区篠路6条7丁目2番28号)
전화 011-773-7777
팩스 011-771-9789
www.kidaseifun.co.jp

기타노카오리

특징 홋카이도산 가을밀인 '기타노카오리'로 만든 밀가루. 홋카이도산 밀 중에서는 흡수성이 좋은 편이다. 적당하게 쫄깃쫄깃한 느낌과 단단한 경도, 입에서 녹는 느낌이 좋은 식감으로 만들어진다.
성분 회분 : 0.48%, 단백질 : 11.5%

하루에조

특징 홋카이도산 밀만 사용하여 만든 밀가루. 제빵용으로 봄밀을 아낌없이 사용하였고 홋카이도산 밀의 특장점인 점탄성이나 매끄러움을 살리기 위해 가을밀을 섞어 만든다. 전부 맷돌로 제분하기 때문에 풍미가 좋고 깊은 맛이 나는 빵을 만들 수 있다.
성분 회분 : 0.45%, 단백질 : 10.5%

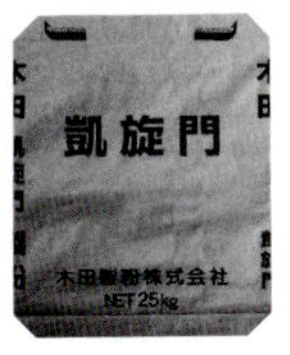

가이센몬

특징 엄선한 밀과 절묘한 배합에 의해 풍미가 풍성해진다. 크러스트는 바삭하고, 바게트 속은 촉촉하고 쫄깃한 식감으로 만들어진다. 흡수성이 양호하여 다루기 쉽고 반죽이 빠르게 만들어져 믹싱 시간을 단축할 수 있다.
성분 회분 : 0.43%, 단백질 : 11.7%

닛신제분주식회사
(日淸製粉株式会社)
영업본부 제1영업부

주소 도쿄도 지요다구 간다니시키초 1초메 25번지(東京都千代田区神田錦町1丁目25番地)
전화 03-5282-6360
팩스 03-5282-6137
www.nisshin.com
www.e-sousyoku.com(소쇼쿠 클럽 : 회원제 고객 유용 사이트)

리스도르

특징 닛신제분주식회사의 대표적인 프랑스빵용 밀가루. 프랑스빵 맛과 향을 추구하며, 충분히 발효하면 기품 있는 풍미와 깊은 맛을 가진 프랑스빵을 만들 수 있다. 중량은 25kg이다.
성분 회분 : 0.45%, 단백질 : 10.7%

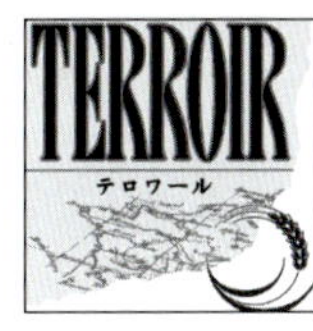

테루아

특징 프랑스산 밀 100%로 만든 프랑스빵용 밀가루. 바삭하여 씹는 맛이 있는 크러스트와 탄력 있는 바게트 속의 식감이 특징이다. 밀의 소박한 향을 느낄 수 있다. 중량은 25kg.
성분 회분 : 0.53%, 단백질 : 9.5%

메종 카이저 트래디셔널

특징 프랑스 전통 빵에 최적인 밀가루. 크러스트는 진한 색으로, 바게트 속은 진한 크림색으로 만들어진다. 고소한 풍미와 좋은 맛이 나는 프랑스빵을 만들 수 있다. 중량은 10kg과 25kg이 있다.
성분 회분 : 0.43%, 단백질 : 11.6%

닛코쿠제분주식회사
(日穀製粉株式会社) 영업본부

주소 나가노현 나가노시 미나미치토세 1초메 16번지 2(長野県長野市南千歳一丁目16番地2)
전화 026-228-4157
팩스 026-228-9126
www.nikkoku.co.jp

닛토후지제분주식회사
(日東富士製粉株式会社)

주소 도쿄도 주오구 신카와 1-3-17(東京都中央区新川1-3-17)
전화 03-3553-8785
팩스 03-3553-7320
www.nittofuji.co.jp

닛폰제분주식회사
(日本製粉株式会社) 제분영업부

주소 도쿄도 시부야구 센다가야 5-27-5(東京都渋谷区千駄ヶ谷5-27-5)
전화 03-3550-2385
팩스 03-3356-5185
www.nippon.co.jp

(특)긴료쿠

특징 예쁜 황색을 가진, 입에서 녹는 느낌이 좋고 가벼운 식감을 만들 때 추천하는 밀가루. 바게트 속의 구멍을 많게 만들어도 입에서 녹는 느낌이 좋다. 얇고 씹는 맛이 좋은 크러스트를 만들 수 있다.

성분 회분 : 0.39%, 단백질 : 9.8%

샤토

특징 밀가루 색은 하얗고 풍미가 뛰어나며 독특한 식감을 가지고 있다. 프랑스빵의 필요 조건을 모두 가지고 있다. 유명 호텔에서도 많이 사용한다.

성분 회분 : 0.35%, 단백질 : 11.0%

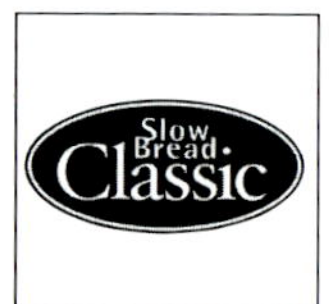

슬로 브레드 클래식 25kg

특징 프랑스빵의 새로운 맛을 추구하기 위해 재료를 엄선하여 새로운 기술로 제분한 밀가루. 밀가루 고유의 진하고 깊은 맛, 풍미, 씹을수록 단맛이 느껴지는 빵을 만들 수 있다.

성분 회분 : 0.55% 전후,
단백질 : 11.5% 전후

긴료쿠

특징 쫄깃쫄깃한 느낌의 바게트 속과 바삭하게 만들어진 딱딱한 크러스트 식감의 대조를 느낄 수 있는 밀가루. 저온 장시간 제법이나 바게트 외에 볼륨이 필요한 하스 브레드에도 사용 가능하다.

성분 회분 : 0.42%, 단백질 : 10.6%

파리

특징 부드러운 바게트 속, 바삭한 크러스트의 밸런스가 좋은 프랑스빵을 만들 수 있다. 페이스트리, 크루아상, 유럽풍 빵에도 적합하다. 반죽의 기계 내성도 뛰어나다.

성분 회분 : 0.42%, 단백질 : 12.0%

F나폴레옹 25kg

특징 밀 고유의 맛과 향을 중요시한 프랑스빵용 밀가루. 작업성이 뛰어나며 볼륨도 내기 쉽다. 예쁜 쿠프와 바게트 속이 만들어진다. 프티 팽(Petit pain)이나 대니시를 만들 때도 사용할 수 있다.

성분 회분 : 0.41%, 단백질 : 11.8%

슈발리에

특징 신장성, 작업성이 뛰어나며 전통적인 수제 프랑스빵을 만들 수 있다. 페이스트리, 하드롤, 피자 크러스트에도 적합한 밀가루.

성분 회분 : 0.42%, 단백질 : 11.0%

그리스트밀 15kg

특징 캐나다산 밀을 맷돌로 천천히 제분하여 만든 밀가루. 깊은 감칠맛과 향이 특징이자 장점이다. 이 밀가루만 사용하거나 클래식, F나폴레옹을 섞어서 사용해도 된다.

성분 회분 : 0.90% 전후,
단백질 : 13.5% 전후

다이이치제분주식회사
(第一製粉株式会社)

주소 도쿄도 히가시쿠루메시 신카와초 1-3-4
(東京都東久留米市新川町1-3-4)
전화 042-471-0034
팩스 042-473-6885
※ 다이이치제분주식회사는 현재 닛토후지제분회사로 폐합되었습니다.

몽블랑

특징 독자적인 원료 배합으로 구웠을 때 빛깔이 독특하고 풍미가 좋은 것이 특징. 프랑스빵뿐만 아니라 크루아상, 대니시 등에 다양하게 이용할 수 있다.
성분 회분 : 0.40%, 단백질 : 11.4%

다이요제분주식회사
(大陽製粉株式会社)

주소 후쿠오카현 후쿠오카시 주오구 나노쓰 4-2-22(福岡県福岡市中央区那の津4-2-22)
전화 092-713-1771
팩스 092-781-2527
http://wownets.net/taiyomil/

도나우

특징 일본 최초로 제분기술 필링 가공으로 만든 밀가루. 밀가루 겉면에 얇은 껍질(밭에서 수확 시 밀에 이물질이 붙는 부분)을 제거한 후 제분하여 맛을 강화하면서도 청결을 갖추었다. 오스트리아 밀가루 'TYPE 700'을 모델로 만들었다. 작업성이 좋고 오븐에 구웠을 때 반죽도 양호하게 부풀며 하스 브레드를 만드는 데 적합하다.
성분 회분 : 0.62%, 단백질 : 12.1%

라인골드

특징 일본 최초로 제분기술 필링 가공으로 만든 밀가루. 밀가루 겉면에 얇은 껍질(밭에서 수확 시 밀에 이물질이 붙는 부분)을 제거한 후 제분하여 맛을 강화하면서도 청결을 갖추었다. 독일 밀가루 'TYPE 550'을 모델로 만들었다. 깊은 향과 은은한 단맛이 나며 바삭한 식감이 특징.
성분 회분 : 0.55%, 단백질 : 10.6%

도리고에제분주식회사
(鳥越製粉株式会社)

주소 후쿠오카현 후쿠오카시 하카타구 히에마치 5번 1호(福岡県福岡市博多区比恵町5番1号)
전화 092-477-7117
팩스 092-477-7122
www.the-torigoe.co.jp

프랑스

특징 일본에서 가장 빨리 개발된 정통 프랑스빵용 밀가루. 풍부한 향과 씹을수록 느껴지는 깊은 맛, 감칠맛 나는 풍미가 특징이다.
성분 회분 : 0.44%, 단백질 : 11.9%

그랑클로어

특징 풍미가 좋고 크러스트가 바삭한 프랑스빵을 만들 수 있다. 단시간 제법이나 프리퍼먼트(pre-ferment)법으로도 높은 수준의 빵을 만들 수 있다. 기호의 다양성에 따라 새로운 식감이나 오래 남는 풍미, 향미를 만들어낸 신시대 프랑스빵용 밀가루.
성분 회분 : 0.42%, 단백질 : 11.3%

도누루

특징 좋은 향, 감칠맛을 가졌으며 음미할수록 맛이 퍼지는 레트로 바게트를 만들 수 있다. 전문성을 지향하는 하스 브레드 전용 밀가루.
성분 회분 : 0.63%, 단백질 : 13.5%

도후쿠제분주식회사
(東福製粉株式会社)

주소 후쿠오카현 후쿠오카시 주오구 나노쓰 4-9
-20(福岡県福岡市中央区那の津4-9-20)
전화 092-781-1661
팩스 092-731-7248

마루신제분주식회사
(丸信製粉株式会社)

주소 아이치현 아마군카니에초 니시노모리 7초
메 112번지(愛知県海部郡蟹江町西之森7丁目
112番地)
전화 0567-95-2147
팩스 0567-95-7688

마에다산업주식회사
(前田産業株式会社) 제분사업부 영업부

주소 오사카부 오사카시 미나토구 이시다 2-3-
19(大阪府大阪市港区石田2-3-19)
전화 06-6572-2251(대표전화)
팩스 06-6574-3726
www.mayeda-sangyo.co.jp

샨텔리제

특징 바게트를 구웠을 때 밝고 선명한 색이
나며 윤기 있는 얇은 막과 씹는 맛이 있는 바
게트 속을 만들 수 있다. 볼륨감이 뛰어나며
쿠프가 예쁘게 터진다.
성분 회분 : 0.45%, 단백질 : 12.5%

오베르주

특징 독자적인 제분 노하우를 살린 풍미가
있고 씹으면 씹을수록 맛이 나는 밀가루. 단
백질 함량을 억제하여 밀가루 풍미가 강화되
면서 겉은 바삭하고 속은 쫄깃쫄깃한 빵으로
만들어진다. 오븐에 넣었을 때 양호하게 부풀
며 선명한 쿠프가 눈에 띈다.
성분 회분 : 0.40%±0.01%,
단백질 : 10.7%±0.5%

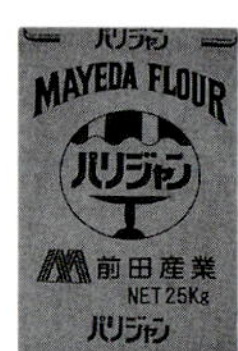

파리지앵

특징 프랑스빵을 만들 수 있는 프랑스빵용
밀가루. 바삭한 식감의 크러스트와 쫄깃한 느
낌이 좋은 바게트 속을 갖춘 빵을 만들 수 있
다.
성분 회분 : 0.37%, 단백질 : 11.7%

일본산 강력분

특징 일본산 밀 100%로 만든 제빵용 밀가루.
홋카이도산 밀을 주재료로 사용하여 제빵성
을 높였다. 감칠맛이 뛰어나다.
성분 회분 : 0.44%, 단백질 : 11.0%

몬파리

특징 정통 제법에 가장 적합한 프랑스빵용
밀가루. 황금갈색과 윤기를 가진 겉과 볼륨이
크고 잘 익은 바게트가 만들어진다.
성분 회분 : 0.37%, 단백질 : 11.7%

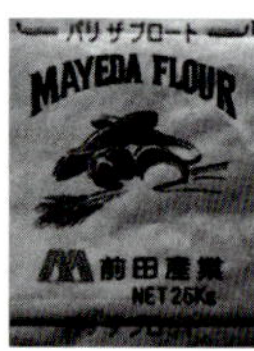

파리 더 브로트

특징 유럽풍 빵에서 나오는 전통적인 풍미가
나며 밀가루 고유의 맛을 살린 프랑스빵용
밀가루. 원재료 밀을 엄선하여 경제적인 측면
에서도 뛰어나다.
성분 회분 : 0.45%, 단백질 : 11.4%

마에다식품주식회사
(前田食品株式会社)

주소 사이타마현 삿테시 미나미 1-7-25(埼玉県
幸手市南1-7-25)
전화 0480-42-1226
팩스 0480-42-1227
www.maedashokuhin.com
info@maedashokuhin.com

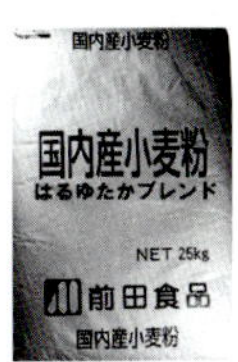

하루유타카 블렌드

특징 일본산 밀 100%로 만든 밀가루. 일본
산 밀가루 중 인기 최고이다. 제빵성에서는
외국산 밀에게도 뒤지지 않는 바게트로 만들
어진다.
성분 회분 : 0.43%, 단백질 : 11.4%

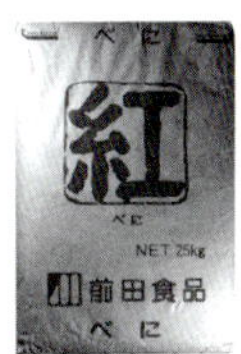

베니A

특징 일본산 밀 100%로 만든 밀가루. 바삭
하고 고소한 크러스트와 제대로 된 바게트
속이 만들어진다.
성분 회분 : 0.41%, 단백질 : 9.2%

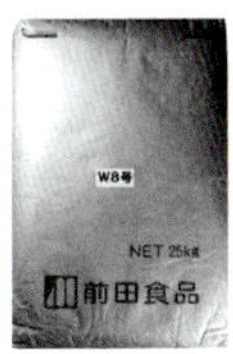

W8호

특징 일본산 밀 100%로 만든 밀가루. 밀의
맛을 느낄 수 있으며 풍미와 식감이 좋은 바
게트가 만들어진다.
성분 회분 : 0.44%, 단백질 : 10.8%

세코제분주식회사
(瀬古製粉株式会社) 영업부

주소 미에현 욧카이치시 하즈초 21-21(三重県
四日市市羽津町21-21)
전화 059-331-2323
팩스 059-333-2424

HS-1

특징 밀 고유의 단맛이 특징인 프랑스빵용
밀가루. 흡수가 좋고 연성이 좋은 반죽이 만
들어진다.
성분 회분 : 0.44%, 단백질 : 11.8%

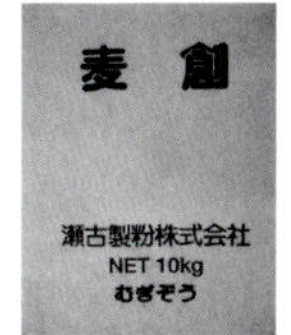

무기조

특징 비타민, 미네랄, 식이섬유가 풍부하게
함유된 밀가루. 10~20% 전후로 배합하면
밀 고유의 풍부한 향이 생겨난다.
성분 회분 : –%, 단백질 : –%

소가제분주식회사
(曽我製粉株式会社)

주소 군마현 마에바시시 리키마루마치 221번지
(群馬県前橋市力丸町221番地)
전화 027-265-1157
팩스 027-265-3157
www6.wind.ne.jp/soga-mco

S 뉴아라부

특징 일본산 밀 100%로 만든 하드계열 빵용
밀가루. 일본산 밀 특유의 탄성이 있어 식감
과 풍미를 최대한 살린 것이 특징이다.
성분 회분 : 0.45%, 단백질 : 10.5%

라인골드

특징 소가제분주식회사의 특징인 맷돌로 제
분한 군마현산 밀가루를 넣어, 풍미가 풍부
하고 부드럽고 쫄깃쫄깃한 식감을 만들 수
있다.
성분 회분 : 0.65%, 단백질 : 11.0%

쇼와산업주식회사
(昭和産業株式会社)

주소 도쿄도 지요다구 우치칸다 2-2-1(東京都
千代田区内神田2-2-1)
전화 03-3257-2904
팩스 03-3257-2945
www.showasangyo.co.jp/s_seifun.html

F

특징 고급스러운 겉모양. 바삭하고 얇은 크
러스트, 호박색의 바게트 속과 거친 기포를
만들 수 있는 프리미엄 하스 브레드(Hearth
bread)용 밀가루. 흡수성이 높아 촉촉하고
쫄깃쫄깃한 느낌이 오래간다. 중량은 20kg.
성분 회분 : 0.46%, 단백질 : 10.8%

라 세느

특징 본고장 프랑스산 밀을 배합하여 좋은 향
과 풍미를 추구한 프랑스빵용 밀가루. 바삭한
크러스트, 예쁘게 터지는 쿠프, 아름다운 옅은
갈색으로 구워진다.
성분 회분 : 0.41%, 단백질 : 11.5%

쿠프 드 찬스

특징 대표적인 프랑스빵용 밀가루로 오븐에
넣었을 때 잘 부풀고 색이 잘 나기 때문에 자
연스러운 곡물 향이 두드러진다. 윤기 있는
노릇한 색의 속을 가진 맛있는 프랑스빵이
만들어진다.
성분 회분 : 0.42%, 단백질 : 11.3%

아베제분주식회사
(阿部製粉株式会社)

주소 후쿠시마현 고오리야마 히와다마치 도조
2- 1(福島県郡山市日和田町道場2-1)
전화 024-958-4157
팩스 024-958-2449
www.abe-mills.com

긴와시에스

특징 풍미가 풍부하며 색이 좋고 입에서 녹
는 느낌도 좋은 제빵용 밀가루. 바게트 겉면
이 단단하게 구워지는 것이 특징이다.
성분 회분 : 0.41%, 단백질 : 12%

몽블랑

특징 작업성도 양호하고 풍미, 바삭바삭한 식
감과 함께 밸런스가 좋은 제빵용 밀가루이다.
성분 회분 : 0.39%, 단백질 : 10.6%

마루다이지루시 B

특징 독자 기술과 배합으로 제분한 이 밀가
루는 좋은 식감과 풍부한 풍미가 특징이다.
전문가적인 제빵과 맛을 즐길 수 있다.
성분 회분 : 0.40%, 단백질 : 8.5%

아사히제분주식회사
(旭製粉株式会社)

주소 나라현 사쿠라이시 우에노미야 67-2(奈良
県桜井市上之宮67-2)
전화 0744-42-2971
팩스 0744-45-4569
www.konaya.biz

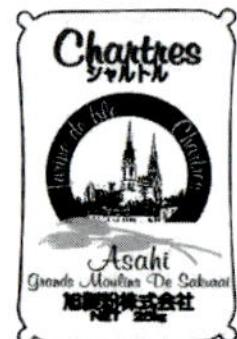

샤르트르

특징 파리에서 남서 100km에 위치한 샤르
트르시 근교산 밀을 수입하여 프랑스와 같이
풍미를 살리는 스트레이트 제분법으로 만든
제품이다. 프랑스빵이나 밀가루 풍미를 살리
는 구움과자를 만들 때 추천.
성분 회분 : 0.55%, 단백질 : 10.0%
(산지에 한정되어 재배되는 밀이기 때문에
수확한 연도에 따라 품질 및 분석치는 다를
수 있다.)

F-1

특징 제빵용으로 쓰기에 적합하며 반죽을 오
븐에 넣었을 때 잘 부풀어 올라 탄력 있는 빵
으로 만들어진다.
성분 회분 : 0.39%, 단백질 : 12.3%

에베쓰제분주식회사
(江別製粉株式會社)

주소 홋카이도 에베쓰시 미도리마치히가시 3초메 91번지(北海道江別市緑町東3丁目91番地)
전화 011-383-2311
팩스 011-383-2315
http://haruyutaka.com

오다조제분주식회사
(小田像製粉株式會社) 영업부

주소 오카야마현 구라시키시 고지마시오나스 2767-68(岡山県倉敷市児島塩生2767-68)
전화 086-475-2211
팩스 086-475-2213
www.odazo.jp
s-oda@odazo.jp

오쿠모토제분주식회사
(奧本製粉株式會社) 도쿄본사

주소 도쿄도 고토구 도미오카 2-2-11(東京都江東区富岡2-2-11)
전화 03-5639-0981
팩스 03-5639-0982
www.om-group.co.jp
info@om-group.co.jp

하루유타카 블렌드

특징 희소가치가 있는 '하루유타카'였지만, 초겨울에 씨를 심는 방법으로 안정된 품질과 수확량을 확보할 수 있게 되었다. 생산 관련 업체들의 이해와 협력으로 만들어진 하루유타카를 사용하여 제빵성을 높인 밀가루다. 하루유타카가 가진 단맛, 쫄깃쫄깃한 식감이 특징이다.

성분 회분 : 0.45%, 단백질 : 11.0%

뇌프 반테

특징 캐나다, 미국, 호주, 일본 밀로 만든 밀가루. 크러스트는 바삭하게, 바게트 속은 쫄깃하게 만들어진다. 씹으면 씹을수록 깊은 맛으로 인기 있는 밀가루다. 쿠프, 바게트 속이 제대로 예쁘게 만들어진다.

성분 회분 : 0.38%, 단백질 : 10.8%

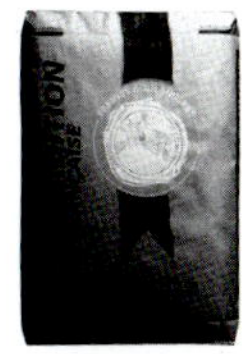

라 트래디션 프란셰즈

특징 최고급 프랑스산 밀가루. 크러스트는 바삭하여 씹는 맛이 좋고 바게트 속은 풍미가 풍부하고 쫄깃하며 입에서 녹는 느낌이 좋은 레트로 바게트를 만들 수 있다. 규격은 25kg, 10kg, 1kg의 3종류가 있으며 1kg짜리만 상자에 들어 있는 제품이다.

성분 회분 : 0.55%, 단백질 : 11.0%

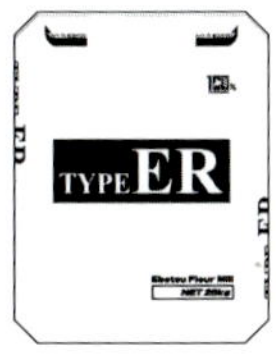

TYPE ER

특징 밀가루 향을 최대한으로 끄집어낸 하드 계열 빵용 밀가루다. 프랑스빵용 밀가루를 참고하여 향과 맛을 중시한 'TYPE 65'에 가깝도록 개발했다. 단품으로는 물론 다른 밀가루와 섞어도 은은한 향과 깊은 맛의 빵으로 만들어진다.

성분 회분 : 0.67%, 단백질 : 11.3%

파리나

특징 캐나다, 미국 밀로 만든 밀가루다. 강력분에 가깝기 때문에 볼륨이 나온다. 크러스트는 겉면이 얇고 바삭하며 바게트 속은 쫄깃쫄깃하다. 크루아상, 스위트 롤 등 다양한 메뉴에 사용할 수 있다.

성분 회분 : 0.39%, 단백질 : 12.8%

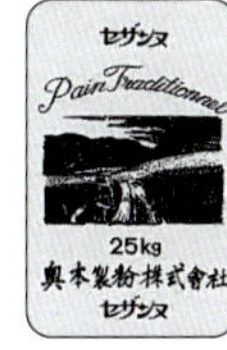

세잔느

특징 유럽풍 식사용 빵으로 적합한 밀가루다. 작업성이 뛰어나며 풍미, 씹는 맛, 입에서 녹는 느낌이 좋은 바게트를 만들 수 있다. 규격은 25kg.

성분 회분 : 0.38%, 단백질 : 11.5%

OPERA

특징 호로시리 밀과 호쿠신 밀을 배합하여 맛, 향, 다루기 좋음, 가격의 가장 좋은 밸런스를 맞춰 만든 밀가루. 하루유타카, 하루요코이 밀가루도 배합하기 때문에 충분한 힘을 갖고 있다. 하얀 밀가루 색보다도 맛과 향이 강한 부위를 우선적으로 사용하고 있다.

성분 회분 : 0.53%, 단백질 : 11.0%

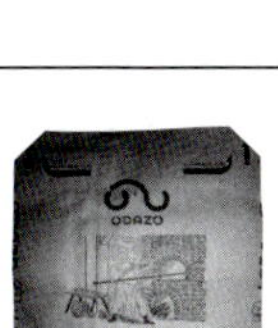

뫼니에 TYPE 65

특징 프랑스산 100% 밀로 만든 밀가루. 본 고장의 맛과 향을 만들어낼 수 있다. 각종 하드계열 빵이나 크루아상 등도 제대로 만들 수 있다.

성분 회분 : 0.57±0.06%, 단백질 : 9.7±0.8%

에피렛토

특징 고품질 프랑스산 밀가루. 씹는 맛이 좋은 크러스트, 뛰어난 풍미로 입에서 녹는 느낌이 좋은 바게트 속을 만들 수 있다. 규격은 25kg.

성분 회분 : 0.50%, 단백질 : 10.0%

요시하라식량주식회사
(吉原食糧株式会社)

주소 가가와현 사카이데시 하야시다초 4285-152(香川県坂出市林田町4285-152)
전화 0877-47-2030
팩스 0877-47-1910
www.flour-net.com

요코야마제분주식회사
(横山製粉株式会社)

주소 홋카이도 삿포로시 이로이시구 헤이와도리 5초메 미나미 2번 1호(北海道札幌市白石区平和通5丁目南2番1号)
전화 011-864-2222
팩스 011-864-2220
www.y-fm.co.jp

주식회사마스다제분소
(株式会社増田製粉所)

주소 효고현 고베시 나가다구 우메가카초 1-1-10(兵庫県神戸市長田区梅ケ香町1-1-10)
전화 078-681-6701(대표전화)
팩스 078-681-6710
www.masufun.co.jp

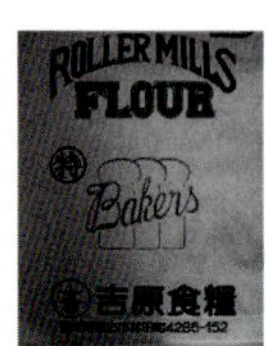

(특)베이커

특징 밀의 풍미를 살린 바삭한 크러스트와 적당한 탄력의 속을 만들 수 있는 빵용 밀가루. 생지의 탄력이 풍부하고 신장성이 좋다. 풍부한 맛과 풍미를 가진 빵을 만들 수 있다.
성분 회분 : 0.42%, 단백질 : 12.6%

브레노드

특징 홋카이도산 밀 100%인 하드롤 전용 밀가루. 하루요코이 밀가루를 메인으로 하여 맛과 향을 고집했다. 갓 구운 빵의 크러스트는 얇고, 속은 부드럽고 쫄깃쫄깃하다.
성분 회분 : 0.47%, 단백질 : 10.8%

F-피나클

특징 프랑스산 밀가루인 'T-55'에 상응하는 유럽풍 빵용 밀가루. 물을 많이 넣고 장시간 발효를 해도 생지의 점탄성은 양호하며 구워졌을 때 바게트 색이나 풍미, 바삭한 크러스트가 특징이다. 바게트 외에 여러 가지 크러스티(Crusty) 빵에 가장 적합한 밀가루이다.
성분 회분 : 0.55%, 단백질 : 12.0%

[사누키노유메 2000] 맷돌 밀가루

특징 세계에서 유일한, 요시하라식량주식회사만의 가가와현산 밀 '사누키노유메 2000'을 맷돌 제분한 밀가루다. 밀의 풍미와 감칠맛이 강하다. 빵용 밀가루에 배합하며 과자용은 배합하지 않고 그대로 사용한다. 섬유질, 미네랄 성분이 다량 함유되어 있으며 감칠맛도 오래간다.
성분 회분 : 0.7%, 조단백질 : 8.0%

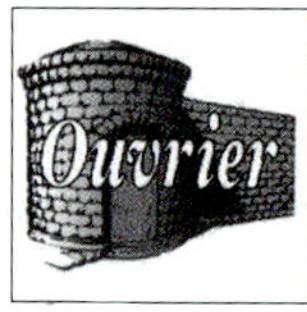

우브리에

특징 일본산 밀의 감칠맛을 유럽풍 빵으로 살리기 위해 개발한 밀가루. 밀 고유의 진한 풍미와 맛, 적갈색 바게트 속, 적당히 쫄깃쫄깃한 식감으로 만들어져 프랑스산 밀가루로 만든 바게트에 필적할 만한 품질이다.
성분 회분 : 0.57%, 단백질 : 11.0%

[사누키노유메 2000] 맷돌 통밀가루

특징 세계에서 유일한, 요시하라식량주식회사만의 가가와현산 밀 '사누키노유메 2000'의 통밀가루. 빵용 밀가루에 배합하며 과자용은 배합하지 않고 그대로 사용한다. 섬유질, 미네랄 성분이 다량 함유되어 있으며 독특한 풍미와 감칠맛이 난다. 하드계열 빵부터 식빵, 과자빵 등 다양하게 사용할 수 있다.
성분 회분 : 0.85%, 단백질 : 8.5%

A-100

특징 프랑스산 밀가루인 'T-45'에 상응하는 유럽풍 빵용 밀가루. 표준제법 외에 냉장발효, 발효종 오토리즈법 등 각종 제법에 따라 프랑스빵에 독특한 풍미를 만든다. 파베이크나 제품 냉동에 대한 내성도 갖추었다.
성분 회분 : 0.44%, 단백질 : 12.0%

지바제분주식회사
(千葉製粉株式会社)

주소 지바현 지바시 미하마구 신미나토 17번지
(千葉県千葉市美浜区新港17番地)
전화 043-241-0111(대표전화)
팩스 043-241-0218(영업부)
www.chiba-seifun.co.jp

하나조 에투와르

특징 정통 프랑스빵을 만들기 위한 전용 밀가루. 모든 프랑스빵에 만능으로 사용할 수 있다. 쿠프가 예쁘게 터지고 바삭한 크러스트가 만들어지며, 밀가루 맛과 향이 살아난다.
성분 회분 : 0.41%, 단백질 : 11.6%

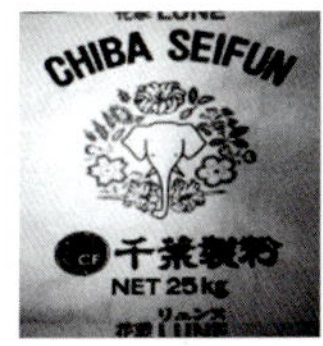

하나조 룬

특징 얇고 바삭한 크러스트를 가진 프랑스빵을 만들 수 있으며 씹는 맛이 좋아 바게트로 만든 샌드위치로 적합하다. 다루기 쉬운 반죽으로 냉동 반죽의 내한성에도 뛰어나다.
성분 회분 : 0.42%, 단백질 : 11.6%

하나조 브리언스

특징 프랑스의 우수 밀 생산지인 보스산 밀의 장점을 강화한 회분으로 만들었다. 본고장의 노란 밀가루 색, 깊은 향과 맛이 나는 밀가루. 레트로 바게트에 특히 적합하다.
성분 회분 : 0.42%, 단백질 : 9.5%

호시노물산주식회사
(星野物産株式会社) 제1영업부

주소 군마현 미도리시 오마마초 2458-2(群馬県みどり市大間々町2458-2)
전화 0277-73-3333
팩스 0277-73-5283
www.hoshinet.co.jp

파리지앵 25kg

특징 흡수량이 많고 생지의 신장성이 뛰어난 밀가루. 발효력이 있으며 볼륨감이 있는 빵으로 만들어진다. 일본산 밀을 배합하여 만들기 때문에 풍미가 좋고 바삭한 크러스트를 만들 수 있다.
성분 회분 : 0.44%, 단백질 : 12.4%

고가네쓰루 20kg

특징 일본산 밀 100%로 만든 프랑스빵용으로 개발한 밀가루. 밀가루에 함유된 단백질을 조절하여 강력하게 만들었다. 현재 일본산 밀가루에 비해 흡수성이 좋고 작업성도 뛰어나다. 풍성한 볼륨, 바삭한 크러스트와 부드럽고 쫄깃한 바게트 속을 만들 수 있다.
성분 회분 : 0.38%, 단백질 : 12.0%

마이크로 브란 믹스 GR 10kg

특징 고급빵용 밀가루에 밀의 외피를 밀가루와 같은 입자 크기로 분쇄한 마이크로 브란(Bran)을 섞은 밀가루다. 식이섬유와 미네랄이 풍부하고 지금까지의 통밀가루와는 다른 입에서 녹는 매끄러운 식감, 밀이 가진 좋은 풍미와 맛을 가지고 있다.
성분 회분 : 0.9%, 단백질 : 12.5%

호테이식량주식회사
(布袋食糧株式会社)

주소 아이치현 고난시 고묘초아오키 375번지
(愛知県江南市五明町青木375番地)
전화 0587-55-1181
팩스 0587-55-3384
www.hotey.co.jp

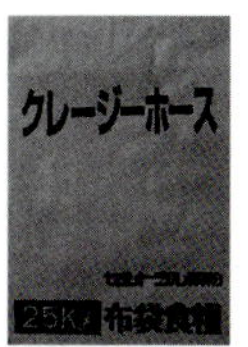

크레이지호스

특징 밀가루 고유의 풍미와 고소함을 느낄 수 있는 프랑스빵용 밀가루. 재료로 아이치현산 밀을 사용했다. 크러스트는 바삭하고 바게트 속은 쫄깃쫄깃한 식감으로 만들어준다.
성분 회분 : 0.43%, 단백질 : 11.9%

BAGUETTE NO GIZYUTSU

©ASAHIYA SYUPPAN SYOSEKI HENSYUUBU 2008

Originally published in Japan in 2008 by ASAHIYA PUBLISHING CO.,LTD., TOKYO,

Korean translation rights arranged with ASAHIYA PUBLISHING CO.,LTD., TOKYO,

through TOHAN CORPORATION, TOKYO, and EntersKorea Co., Ltd., SEOUL.

바게트의 기술

2018년 7월 23일 초판 1쇄 인쇄
2018년 7월 30일 초판 1쇄 발행

지은이 아사히야출판 편집부
옮긴이 나슬아
감수 임태언

펴낸이 정상석
책임편집 송유선
마케팅 이병진
디자인 김보라
펴낸 곳 터닝포인트(www.diytp.com)
등록번호 제2005-000285호

주소 (03991) 서울시 마포구 동교로27길 53 지남빌딩 308호
전화 (02) 332-7646
팩스 (02) 3142-7646
ISBN 979-11-6134-023-4 (13590)

정가 23,000원

내용 및 집필 문의 diamat@naver.com
터닝포인트는 삶에 긍정적 변화를 가져오는 좋은 원고를 환영합니다.

이 도서의 국립중앙도서관 출판예정도서목록(CIP)은 서지정보유통지원시스템 홈페이지(http://seoji.nl.go.kr)와
국가자료공동목록시스템(http://www.nl.go.kr/kolisnet)에서 이용하실 수 있습니다.
(CIP제어번호: CIP2018018916)